KB184970

우주정거장 10일 동안 살아보기

감수 데라조노 준야(행성과학자 + 전 JAXA 홍보부)
백윤형(한국항공우주소년단 사무총장/공학박사)

주니어골든벨

Supervised by TERAZONO Junya
Designed by MOTEGI Shingo
Cartoons by OOTA Yasushi (Hitricco Graphic Service)
Illustrated by ASUKA Sachiko, OOTA Yasushi (Hitricco Graphic Service)
Manuscript by IRISAWA Noriyuki
Edited by THREE SEASON CO,LTD. (MIGITA Keiko)

가족끼리 우주 여행도
꿈은 아냐!!

새로운 로켓도 속속

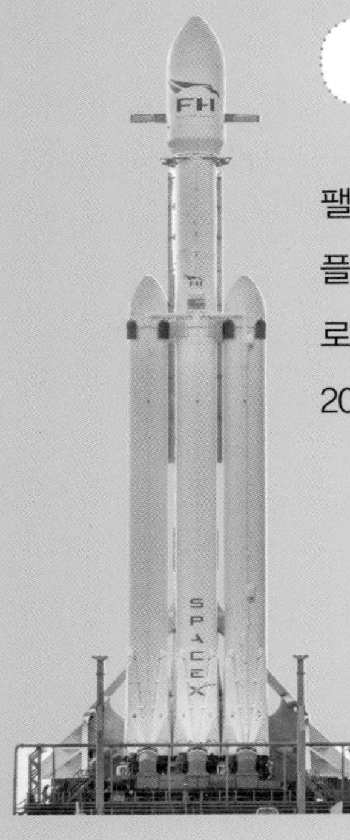

©SpaceX

팔콘 헤비

팰컨9을 발전시켜 한층 더 파워플한 엔진을 탑재한 대형 발사 로켓!!
2018년에 발사 성공.

스타쉽/슈퍼헤비

초대형 발사 로켓 '슈퍼헤비'에 정원 100명이나 되는 우주선 '스타쉽'을 달고 화성으로 출발한다! 제1단, 제2단 모두 재사용이 가능하므로 우주 여행의 경비가 저가 여행이 실현될 것 같다. 달이나 화성으로 가는 장기 비행 방법은 다양한 구성으로 만들어 가고 있다.

©SpaceX

©SpaceX

팰컨 9 Falcon 9

국제우주정거장(**I**nternational **S**pace **S**tation, **ISS**)으로 가는 발사 로켓 팔콘9 미국의 우주 수송 서비스기업 · 스페이스X사가 개발한 최신 발사 로켓. 「드래곤」이라고 하는 사람이나 필요 물자를 나르는 우주선들 선단에 설치하여 우주로 출발해, ISS에 사람이나 물건을 운반하고 있다.

©JAXA/NASA/Tony Gray and Sandra Joseph

여러분은 우주에 가고 싶습니까?

세계는 지금 2022년부터 꿈같은 우주로의 여행은 현실화되고 있습니다.

2021년 7월, 2개의 우주 벤처 기업은 일반인들에게까지 우주 비행(어디까지나 여행이 아닌 몇 분간의 비행)을 초대하였습니다. 그 후로부터 민간인으로의 우주 비행을 원하는 사람은 지속되고 있습니다. 심지어 우주 여행 투어를 모집하고 있는 회사도 나오고 있으니까요.

이 책에서는 큰 돈을 들여 우주에 갈망하는 어떤 가족의 이야기를 중심으로 꾸몄습니다. 예컨대, 지극히 보통 사람이 우주에 여행한다고 하면 어떻게 될지, 그리고 우주 여행에서는 과연 이와 같은 일이 일어날 것인가를 흥미롭게 정리하였습니다.

물론 우주 여행에 관한 기술은 해마다 점점 더 진보하고 있지요. 몇 년 후에는 여행경비로 약 3억~6억원 정도면 여행도 가능하게 될지도 모를 일입니다. 꿈이라고 하지만 무한한 우주 환경에서 우주 여행을 즐기는 방법, 유난히 조심해야 할 점 등에 대해서는 이 책이 유일한 정보라고 생각합니다.

처음엔 편하게 읽어가다 보면 위대한 자연의 우주의 속살을 저절로 볼 수 있을 거예요.

누구나 가까운 미래에 우주로 향해 날아오를 것입니다.

그때, 이 책이여야 말로「우주 여행의 가이드북」으로서 틈틈히 도움이 되리라 믿습니다.

아무튼 준비물부터 챙겨야 겠죠?

감수 행성 과학자+전JAXA 홍보부 **데라조노 준야**

● 본서의 정보는 2022년 7월 현재의 것입니다.
● 본문 중에 나오는 NASA는 미국 항공 우주국 JAXA는 일본의 우주 항공 연구 개발 기구를 가리킵니다.

감수자의 글

기필코 우주여행

"우주에서 배변할 때 몸은 둥둥 떠 있는 상태에서, 변기에 앉으려면 발밑의 스토퍼에 발을 고정하고 볼일을 봐야 한다.

이때 흡진기처럼 생긴 걸로 배설물을 빨아들이는 특수한 변기를 사용한다. 대변도 떠돌기 때문에 약간의 요령이 필요한데 그것은 현지에서 알려준다. 그리고 소변은 현장에서 자신의 오줌을 가공하여 음료수로 대용하기도 한다."

-본문 중에서-

2021년, 아이잭먼 CEO는 팰컨9과 크루드래건을 이용해 고도 575Km에 도달하는 인스퍼레이션(Inspiration) 임무를 수행한 것이 민간인 최초 우주비행이었습니다. 이땐 우주인들이 해치를 열고 우주 공간 밖으로 나가지 못했지요.

2024년 민간인 첫 우주유영, 고도 1,400Km에 도전하는 스페이스X의 상업용 우주여행 프로그램 폴라리스 던(Polaris Dawn) 임무였습니다. 이때는 우주선 밖으로 나가 우주 유영까지 할 수 있었답니다.

'24. 5. 27 우리나라는 대한민국우주항공청(KASA)이 설립되어 본격적인 우주산업시대로 접어들었습니다.

'22년 4월부터 우리도 우주여행 3종 세트를 출시하기에 시작했답니다. 우주로의 신혼여행/수학여행/칠순여행을 생애 버킷리스트 1호로 기획하여 본격적인 우주관광시대가 펼쳐지고 있습니다.

예약 접수는 세계3대 우주여행사와 업무제휴(MOU)한 다음 국제우주여행클럽(ISTC) 기획팀에서 다양한 우주여행 체험 코스를 기획하고 있다네요.

이제부터 여러분에게는 광활한 우주여행의 시대가 활짝 펼쳐진 것입니다.

꿈과 용기를 가지고,
우리 모두 그날을 위하여

"도전, 우주여행!!"

2024. 9.

감수 한국항공우주소년단 사무총장/공학박사 **백윤형**

차례

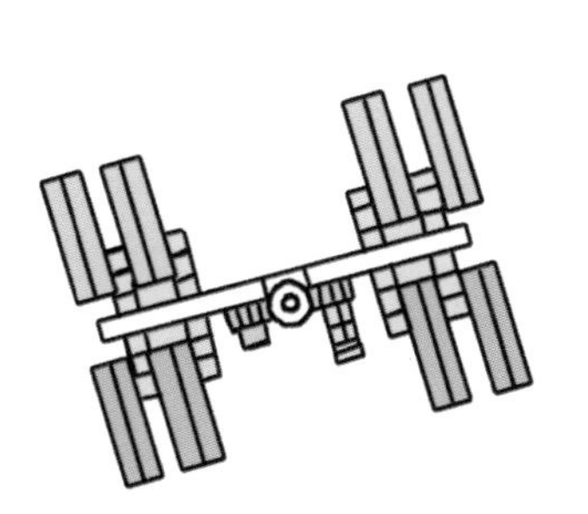

©NASA

칼럼

©Axiom Space

꿈이 현실로, 우주여행을 떠나보자!

가이드 2

ISS(국제우주정거장) 생활

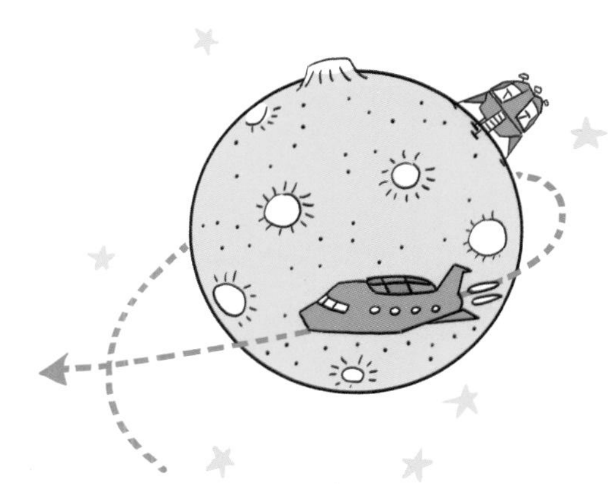

가족끼리 떠나는
우주여행 ?!
가자~!
팀 스페이스!
우주로 가자
민수야,
조용히 좀 해줄래?
SPACEWAR
다희
중학교 1학년
민수
초등학교 4학년
다롱이
반려묘

조금만 더 하면 우주의
왕이 될 수 있다고 !
야 , 우주는 그렇게
간단한게 아냐 !
타
다
닥
이미 공부를 시작했지…
우주 책

와 대박이네 !!!

왜 그래요
여보 ?
다희, 민수 엄마
부들부들
다희,
민수 아빠

고양이 복권에
1등 당첨됐어 !!!
고양이 복권
1등
당첨

넷 ~
정말로 ?
정말이라고…
왜그래아빠 ?
뭐야 뭐야

3… 3000 억 원이닷 !
상금이 !
3천~
억

음 , 3 천억을 어디에 쓰지…
쓰이익~

엄마는
고급 화장품
갖고 싶단다 .
나는 최신
우주게임 사야지 !
뭐 ? 그래도 남는데….
세계여행은 어떨까 ?
GAME

핫하하 !
3 천억이라고 , 3 천억 !
다 같이 가보자 !
어딜요 ?

우주여행 !

가... 가족끼리 우주여행을 ~?!
?

머나 먼 우주...,
가보고 싶지 않아 ?
가보고 싶죠 ! 정말요 ?
갈 수 있어요 ?

누나는 우주인이
꿈이잖아 !
맞아 ! 우주를 바라보며
우주를 사랑하지 .
우주인이 되고 싶을
정도로 !
쓰윽~
우주인이라고
적힌 옷을
입을 정도로 !!
우주인

하지만 일반인이 갈 수
있을까 ? 지금은 돈이
있긴 하지만...
우주비행사가 되는
방법이 없을까
?
?
우주인
아우

그래도 여행목적으로 우주에
간 사람도 있잖아 !
우주다 !!

여러분 !
안심하세요 ~

갈 수 있다냥 ~ 우주 !!
짜~ 잔!!

우리 다롱이가
말을 하네 ?!
우 앗!

우주에 가는 일이라면
맡겨달라구요 !

먼저 우주에 관해
좀 알아보고 다 같이 우주로
가자구요 !

도대체
무슨 일인지…

가이드 1

무한한 우주를

파고파고 또 파고!

우주는 지구와 뭐가 다를까?

국제우주정거장
(ISS)에서 태양과
지구를 바라본
모습이야!

어떤 곳일까?

우주여행을 떠나기 전에 먼저 우주는 어떤 곳인지, 우리가 사는 지구는 그런 우주 속에서 어디 있는지부터 알아보자. 알면 알수록 신비해지면서 여행이 기다려질 것이다!

쉽게 갈 수는 없을까?

여행을 가려면 가려는 곳을 좀 알고 가야지!

©NASA

우주에 관한 여러 가지 상식

우주의 신비

얼마나 하늘로 올라가야 우주일까?

지구에서 훨씬 바깥쪽이 우주라는 건 알고 있지?
그럼 조금 더 자세하게 하늘 위 어디서부터가 우주일까?
전문가들이 정한 우주의 정의에 대해 먼저 알아보고 가볼게.

땅에서 멀어질수록 공기는 점점 줄어든다냥!

국제항공연맹에서는 땅에서 100km 위를 우주라고 정의한다.

국제우주정거장 (ISS)

지상 100km부터가 우주!

오로라

열권

제1단 로켓 분리

제2단 로켓 분리

오존층

제트기

대기권

궤도를 돌면서 ISS로 접근!

유성

지구

구름

자세한 것은 20페이지 그림 참조

10 20 30 40 50 60 70 80 90 100 200 300 400 500

고도(km)
40,000
30,000
20,000
10,000
800
700
600
외기권

우주는 새까만 암흑

우주에는 공기가 없기 때문에 빛이 반사되지 않아 새까맣다. 아무 것도 보이지 않는 완벽한 어둠의 세계가 펼쳐져 있는 것이다.

그렇다고 아무 것도 없다는 뜻은 아니다. 얼음이나 먼지로 이루어진 혜성에서 떨어져 나온 먼지 덩어리나 소혹성끼리 충돌하면서 만들어진 먼지 덩어리 등이 떠다니기 때문이다. 이 덩어리가 지구 대기권으로 들어오면 타면서 유성이 된다.

또한 우주에는 태양에서 방출되어 전기를 띤 고온의 작은 알갱이(플라즈마)도 떠다닌다.

지구를 지켜주는 대기층

지구는 대기(大氣)라고 하는 공기층에 둘러싸여 있다. 대기는 지구의 중력으로 인해 끌려와 있는 상태로, 땅과 가까울수록 진하고 멀수록 희박하다. 대기는 건물의 층처럼 몇 가지 층이 있다. 오른쪽 그림에서 보듯이 이 층은 대기 농도나 온도에 따라 대류권, 성층권, 중간권으로 나뉘지만, 땅에서 100km까지는 전체적으로 대기권이라고 부른다.

대기에 이런 층이 있는 덕분에 태양에서 오는 강한 빛이 지구 표면에 닿을 때쯤에는 약해지기 때문에 풍부한 물이 증발하지 않는다. 대기층은 지구 기후를 안정시키는 역할도 한다. 지구가 생명으로 넘치는 혹성이 된 것은 지구를 둘러싼 대기 덕분이라고 할 수 있다.

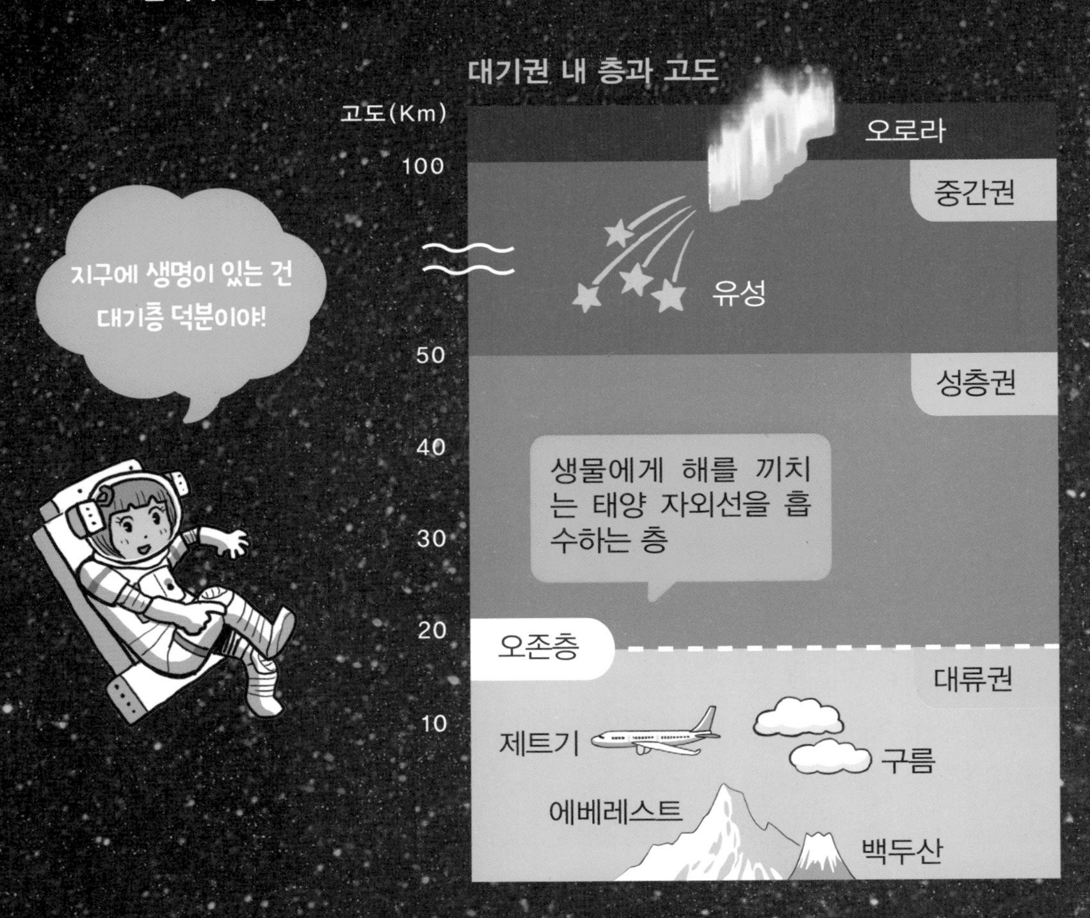

같은 곳을 바라보는 위성

먼 우주에서 지구 주위를 돌며 우리 생활을 뒷받침해주는 인공위성. 지구의 자전과 같은 궤도로 돌면서 같은 곳을 바라본다고 해서 정지위성으로도 부른다.
이런 정지위성 종류로는 기상위성이나 통신위성 등이 있다. 한국 정지궤도 기상위성 '천리안 5호'도 고도 35,786km나 떨어진 먼 우주에서 한국과 동아시아 지역의 날씨를 계속 조사한다.

왜 쉽게 못 가는 거지?

스케일이 다르다!

지구와 우주는 이 정도로 다르다 !

지구에서 해외로 여행을 가는 것과 지구를 벗어나 우주로 가는 것은 아주 커다란 차이가 있다. 여행 목적지 차원의 우주는 어떤 곳일까?

지구에서 당연했던 일들이 우주에서는 거의 일어나지 않는다!

우주에서는 공기나 물을 얻을 수 없다. 때문에 식물도 자라지 못하고 현재까지 생물도 발견되지 않았다. 바꿔 말하면 먹을 거나 마실 것도 없다는 뜻이다. 공기가 없으면 물체가 타지 않기 때문에 불도 없다.

지구에 사는 우리 주변의 것들이 거의 없다는 뜻이기도 하다. 이렇게 지구를 떠나면 어느 정도 어려움과 불편함은 확실히 있지만 최첨단 기술을 사용하면 우주에 머무르는 것이 그렇게 힘들 정도는 아니다!

공기가 없다!

우주에는 공기가 없기 때문에 숨을 쉴 수 없다. 또 공기가 없으면 소리가 들리지 않고 바람도 불지 않는다. 공기가 없으면 열을 유지할 수 없기 때문에 햇빛이 닿는 곳은 매우 뜨겁고 햇빛이 들지 않는 곳은 매우 차가워진다.

그리고 지구에서는 빛이 공기에 반사되어 빛나지만 우주에서는 그렇게 반사되는 공기 자체가 없다. 때문에 태양은 빛나지만 다른 우주는 새까만 것이다.

지구와는 달라!
2

위험한 방사선!!

지구에도 방사선이 있긴 하지만 우주에는 지구보다 훨씬 강한 방사선이 많이 쏟아진다. 방사선은 높은 에너지를 가진 입자가 고속으로 날아오는 것으로 눈에는 보이지 않는다.

방사선에는 몇 가지 종류가 있다. 그 중에서도 사물을 관통하거나 파괴하는 방사선은 인체에 해를 끼친다. 지구에서는 대기층이 방사선을 반사시켜 주지만 우주에서는 방사선을 직접 쐴 수밖에 없기 때문에 방사선을 막을 수 있는 특수한 우주선이나 우주복이 필요하다.

중력이 없다 !!

우리가 땅에 서서 발붙이고 있는 것은 중력 때문이다. 강력한 중력은 지구가 갖고 있는 큰 특징 가운데 하나지만, 중력을 이기고 우주로 나가려면 큰 에너지가 필요하다. 그러므로 로켓을 쏘아 올리는 데는 많은 돈도 필요하지만 쉽게 갈 수도 없다.

우주로 빠져나온 우주선 안은 무중력 상태가 된다. 무중력 상태에서는 몸을 지탱해줄 힘도 필요 없고, 무거운 물건을 들 필요도 없기 때문에 근육이나 뼈가 약해진다. 우주에서 오랫동안 지내려면 튼튼하고 건강한 몸을 유지해야 하므로 매일매일 근육운동을 해야 한다.

현 시점에서 사람이 살아가는데 필요한 음식이나 물을 우주에서 구할 수 없으므로 우주에서 머물려면 지구에서 갖고 갈 수밖에 없다. 예를 들면 미래에 달이나 화성에 건축물을 짓고 싶어도 우주에는 목재나 콘크리트 같은 재료가 없기 때문에 모든 재료를 지구에서 갖고 가야 한다.

외롭다 !!

우주를 향해 로켓을 타고 일단 출발하면 중간에 멈추지 못한다. 우주선에는 동료나 조종사와 함께 있지만 우주선이란 좁은 공간에 오랫동안 머무르는 일은 스트레스로 이어질 수 있다.

또 우주여행이 주는 긴장감, 지구로부터 멀리 떨어진다는 불안감으로 외롭게 느끼거나, 행여 우주 쓰레기와 충돌하는 두려움을 느낄 수도 있다. 달까지 이동하는데 약 3일 반, 화성까지는 약 260일이 걸린다. 장시간 이동하는 도중에는 동료들과 유대감을 갖고 스트레스를 풀면서 우주를 즐길 수 있는 기분을 갖는 것이 중요하다.

또 우주에는 석유도 없어서 플라스틱을 만들지도 못한다. 우주에서 이런 근본적 자원을 찾고 있지만, 현재 상태로는 우주에서 어떤 일을 하려고 할 때 모든 재료를 지구로부터 조달받아야 한다.

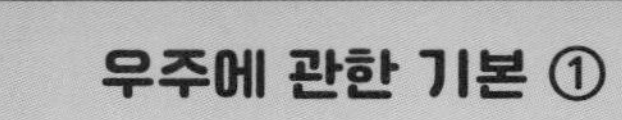

가깝고도 먼 우주!

우리가 사는 태양계란 ?

우주 전체적으로 보면 지구도 무수히 많은 별 가운데 하나다. 지구는 태양계에 속한다. 그럼 태양계란 무엇일까?

수많은 크레이터(둥글게 움푹 파인 곳)가 있는 별. 대기는 없고 낮에는 영상 430℃까지, 밤에는 영하 160℃까지 오르고 내려간다. 낮과 밤이 각각 88일 동안 계속 이어진다.

대지는 적갈색, 공기는 황색이다. 높이 25,000m 화산에, 깊이는 7,000m나 되는 계곡 등 변화가 많은 지형이다. 모래폭풍이 자주 일어나고, 엷은 대기와 얼음이 존재한다.

수성 (Mercury)

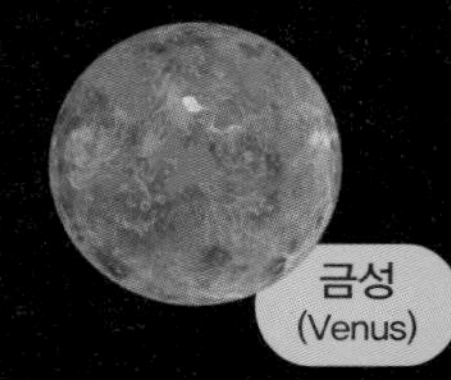

금성 (Venus)

달(Moon)

지구 (Earth)

화성 (Mars)

태양 (Sun)

태양은 태양계의 중심으로, 스스로 빛나는 항성이다. 크기는 지구의 109배, 표면온도는 6,000℃. 지구의 모든 생명을 키워내는 에너지원이라고 할 수 있다.

금성은 두터운 구름으로 덮여 있는데, 이 구름은 강한 산성을 띤다. 거기에다 산성비가 초속 100m의 강풍에 실려 내린다. 대기는 지구보다 90배나 진하지만 대부분은 이산화탄소다. 표면온도가 470℃나 된다.

태양 주위를 도는 8개 혹성 가운데 하나가 지구!

태양계란 태양을 중심으로 돌아가는 별들을 가리킨다. 8개 혹성이 태양 주위를 돌고 있다(공전). 지구도 그런 혹성 가운데 하나다. 혹성은 태양에 가까운 쪽부터 수성, 금성, 지구, 화성, 목성, 토성, 천왕성, 해왕성이라고 한다.
이 밖에도 혜성이나 소혹성, 태양계 바깥천체 등, 무수히 많은 별이 태양 주위를 돈다. 또 달처럼 혹성 주위를 도는 별, 즉 위성도 있다.

큰 고리가 특징이다. 고리가 꼭 판처럼 보이지만 얼음 알갱이로 이루어진 수많은 가느다란 고리의 집합체다. 둥근 본체는 큰 수영장이 있다면 뜰 정도로 가볍다.

표면은 영하 200℃에 가까울 만큼 춥다. 대기에 메탄가스가 있어서 파랗게 보인다. 해왕성의 공전 주기는 매우 길기 때문에 계절은 지구 시간으로 40년씩 지속된다.

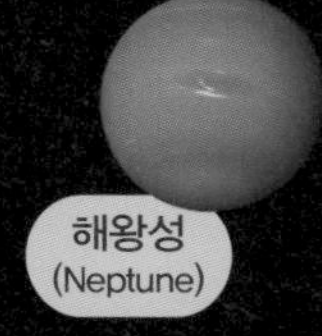

지구 1,300개를 합친 크기의 별. 가스로만 이루어져 있어서 땅이 없다. 시속 1,400km의 강풍이 분다. 그 때문에 표면에 줄무늬가 생긴다.

표면은 영하 200℃에 가까울 만큼 춥다. 대기에 메탄가스가 있어서 파랗게 보인다. 옆으로 쓰러져서 고속으로 회전하며, 낮과 밤이 각각 42년 동안 계속된다.

지구에 생명체가 사는 것은
「생명체 거주가능 영역(Habitable zone, 해비터블 존)」에 있기 때문!

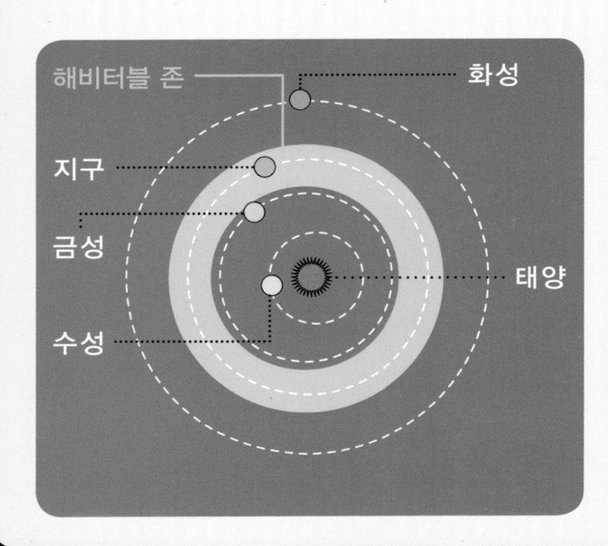

태양처럼 스스로 빛이나 열을 내는 별을 항성이라고 한다. 항성에서 나오는 열이 적당하고 물이 액체로 존재하는 범위를 「생명체 거주가능 영역」이라고 한다.
지구는 태양계의 해비터블 존에 위치한다. 해비터블 존에 있는 별에는 생명이 태어날 가능성이 있다. 달도 해비터블 존에 속하기는 하지만 달에는 물과 대기가 없어서 생물이 살지 않는 것이다.

궁 금 증

혹성에는 어떤 종류가 있을까?

태양계 혹성은 크게 지구형과 목성형 두 가지로 나눌 수 있다. 알려지지 않은 것이 아직도 많아서 끊임없이 관측하고 있다.

	지구형 혹성	목성형 혹성	
		거대 가스 혹성	거대 어름 혹성
혹성 이름	**수성 · 금성 · 지구 · 화성**	**목성 · 토성**	**천왕성 · 해왕성**
반지름	**몇 천km 정도**	**6~70,000km 정도**	**25,000km 정도**
위성	**적음(0~2개)**	**많음(10개 이상)**	
고리	**없음**	**있음** ※사진 상에는 보이지 않지만 고리가 있다.	
표면	**지각(땅)으로 덮여 있다.**	**지각(땅)이 없다.**	

우주에 관한 기본 ②

광활한 우주!

우주는 지금도 계속해서 넓어지고 있다!

끝없이 넓은 우주. 어디로 가든 끝이 없다.
그런데도 계속해서 넓어진다고 하니 과연 무슨 일일까?

태양계는 은하계 가장 끝에 위치한 별 무리에 불과하다.

지구가 속해 있는 태양계는 태양을 중심으로 한 별의 무리라고 할 수 있다. 이 태양계는 은하계(은하수)에 속한다. 은하계는 태양계처럼 은하(별 무리)로 구성된 천체, 다시 말하면 수많은 별과 먼지, 가스로 이루어진 천체를 말한다.

은하계에는 항성이 대략 1,000억 개나 된다. 은하계 전체는 소용돌이 같은 원반 형태를 하고 있으며, 지름은 약 10만 광년에 두께는 지구 부근에서 2,000광년이다. 태양계는 그 끝 쪽에 위치한다.

밤하늘에 하얗고 어렴풋하게 보이는 은하수는 은하계의 별이다. 여름에 은하수가 잘 보이는 것은 지구가 밤에 은하계 안쪽을 바라보기 때문이다.

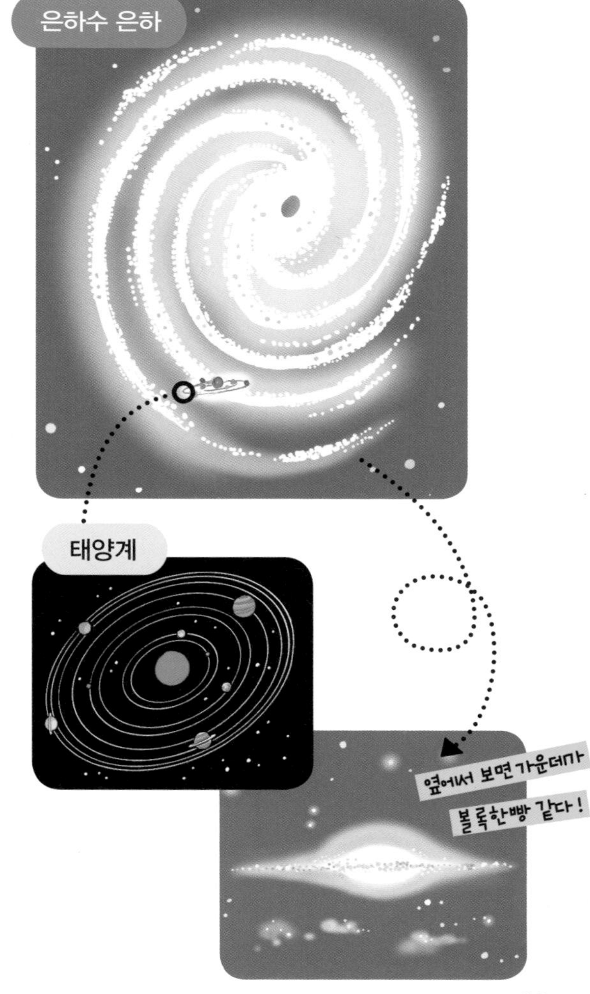

우주인

우주는 태양계 밖으로도 넓게 펼쳐져 있네!

「광년」이 무슨 뜻이지?

「광년」에는 길이를 나타내는 「년」이 붙어 있다. 우주는 너무너무 넓기 때문에 「km」로 표현하면 숫자가 너무 길어진다. 그래서 빛이 1년 동안 가는 거리를 단위로 정했다. 빛은 1초에 약 30만 km를, 1년 동안에 약 9조 4,600억km를 간다. 이것을 1광년이라고 한다.

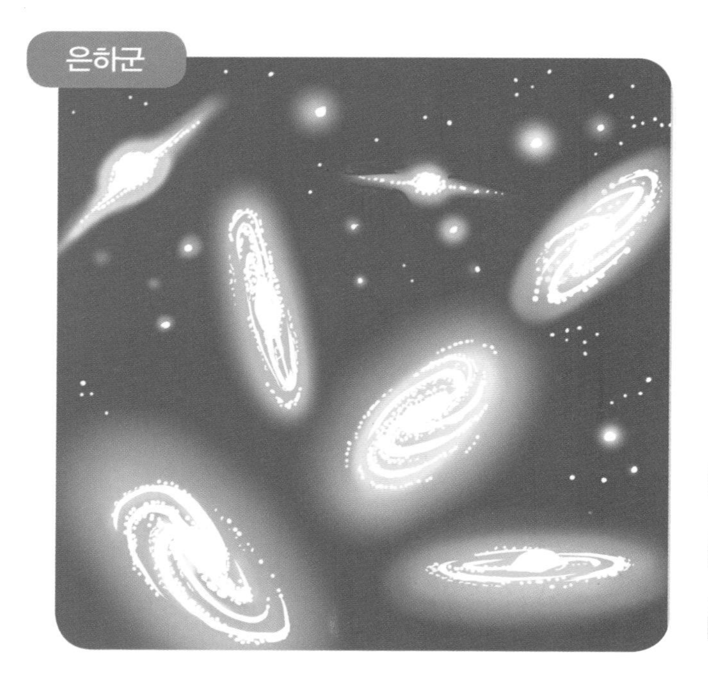

은하계 역시 수많은 은하 가운데 하나에 불과하다!

은하계(은하수 은하)와 같이 항성을 중심으로 한 별 무리를 「은하」라고 한다. 은하는 여러 가지 형태의 크기가 있으며, 우주 전체적으로는 약 1,000억 개로 추정된다. 은하계(은하수 은하)와 가장 가까운 것은 25,000광년 떨어진 「큰개자리 왜소 은하」다.

은하끼리는 서로의 중력으로 서로 당기기 때문에 무리를 이룬다. 작은 무리를 은하군(銀河群), 큰 무리를 은하단(銀河團)이라고 한다. 은하계(은하수 은하)는 50개 정도의 은하가 모인 은하군 가운데 하나다.

계속해서 넓어지는 신비로운 우주

우주의 시작은 초고온의 미세한 점이 계기였다. 그 미세한 점이 엄청난 기세로 폭발하면서 우주가 탄생했다.
우주가 탄생한 1초에서 3분 사이에 원자(모든 물질의 근원)가 만들어지면서 현재의 우주를 구성하는 수소나 헬륨같이 다양한 물질이 생겼을 것으로 추정된다. 처음에 우주는 매우 뜨거웠지만 온도가 내려가면서 계속적으로 팽창하여 별이 탄생하고, 은하나 은하단이 만들어졌다.
우주를 계속해서 팽창시킨 원인으로는 우주에 대량으로 존재하는 미지의 에너지로 추측된다. 이것을 암흑 에너지(Dark Energy)라고 한다.

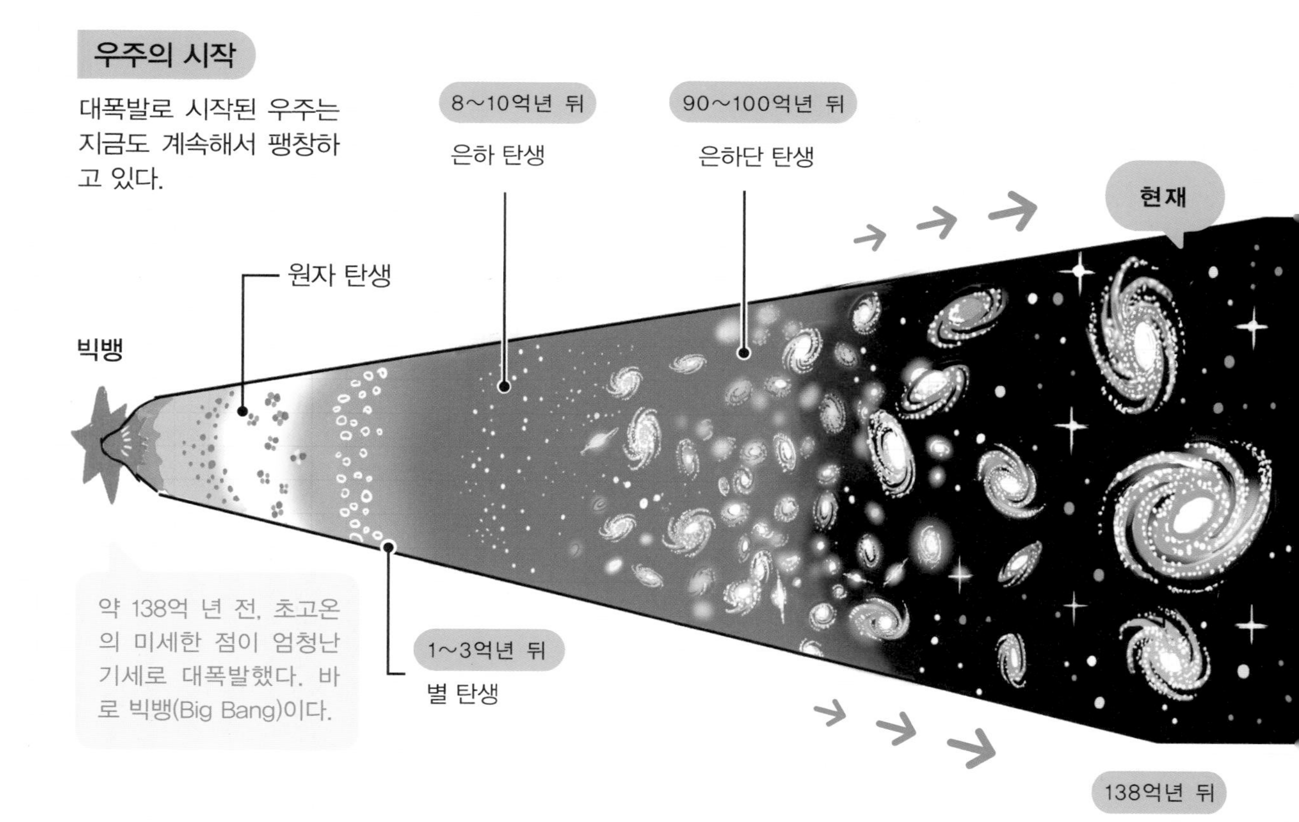

좀 더 알고 싶은!

우주에 관한 수수께끼

우주에 관해 자세히 파악하기 위해서 우리 인류는 다양한 방법으로 우주를 조사해 왔다. 하지만 아직도 우주와 관련된 풀어야 할 수수께끼는 수없이 많다.

우주를 조사하는 다양한 방법

국제우주정거장(ISS)

미래에 인류가 우주에서 생활하거나 우주 환경을 이용하기 위한 목적의 연구시설

우주망원경

인공위성 망원경. 공기가 없는 우주에서는 몇 십억 광년이나 떨어진 천체나 별 표면 등을 세세하게 관측할 수 있다.

전파망원경

인간은 눈에 보이는 빛만 볼 수 있지만 천체는 여러 가지 빛을 발산한다. 전파망원경은 눈으로 관측하고 싶은 전파를 포착할 수 있는 망원경이다.

천체망원경

구경(렌즈의 지름)이 클수록 빛을 많이 모아서 세밀한 부분까지 관측할 수 있다. 공기가 깨끗하고 습도가 낮은 산꼭대기 같은 곳에 많이 설치한다.

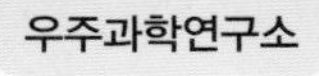

우주과학연구소

우주에 관해 연구하면서 우주개발 사업을 담당하는 곳이다.

우주에 관해서 아직도 5% 정보밖에 모른다!

지구를 비롯해 태양계별의 탄생 과정이나 가스, 우주 먼지 등 예전에 몰랐던 사실을 조금씩 알아가고 있다. 하지만 우주를 구성하는 물질에서 알 수 있는 것은 5% 정도에 불과하다. 나머지 가운데 68%는 우주를 팽창시키는 암흑 에너지 그리고 27%가 주변으로 중력을 내뿜은 암흑 물질(Dark Matter)로 추정되지만, 아직까지 정체를 정확하게 파악하고 있지 못한 상태다.

우주는 무엇으로
이루어져 있지?

알고 있는 물질
5%

수수께끼 물질
95%

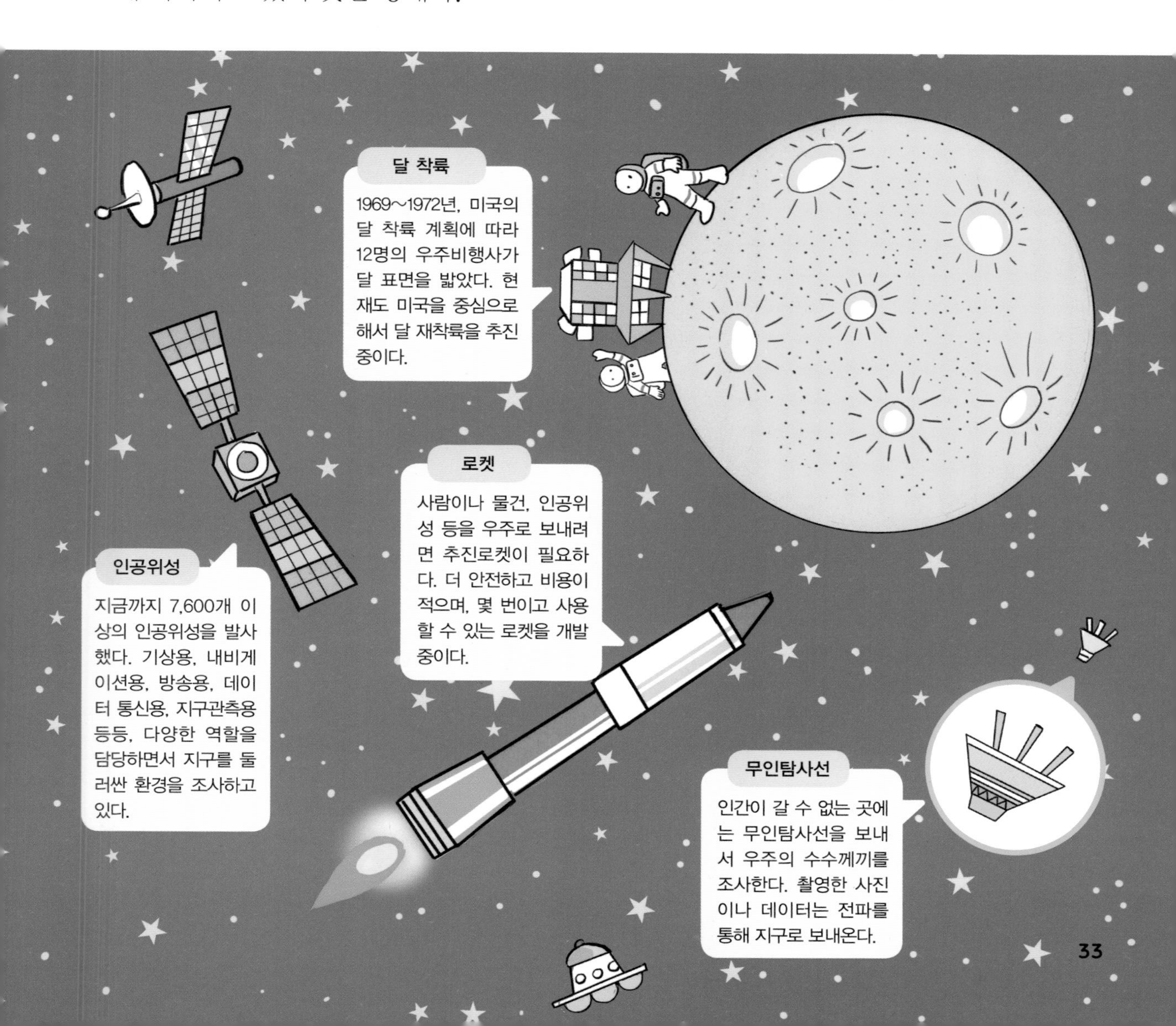

무인탐사선

우주인에게 보내는 메시지를 담고 우주를 여행하는 탐사선

1972년과 1973년에 우주로 보낸 파이오니아 10호와 11호는 목성·토성 탐사를 끝내고 태양계 밖으로 날아가고 있다. 우주인과 만났을 경우를 고려해 인류 모습이나 지구 위치 등을 기록한 금속판이 실려 있다.

또 1977년에 쏘아올린 보이저 1호와 2호도 각각 목성과 토성, 목성에서 해왕성을 탐사한 뒤 태양계를 벗어나 계속해서 날아가고 있다. 파이오니아처럼 우주인을 만났을 때를 위해서 메시지가 실려 있다.

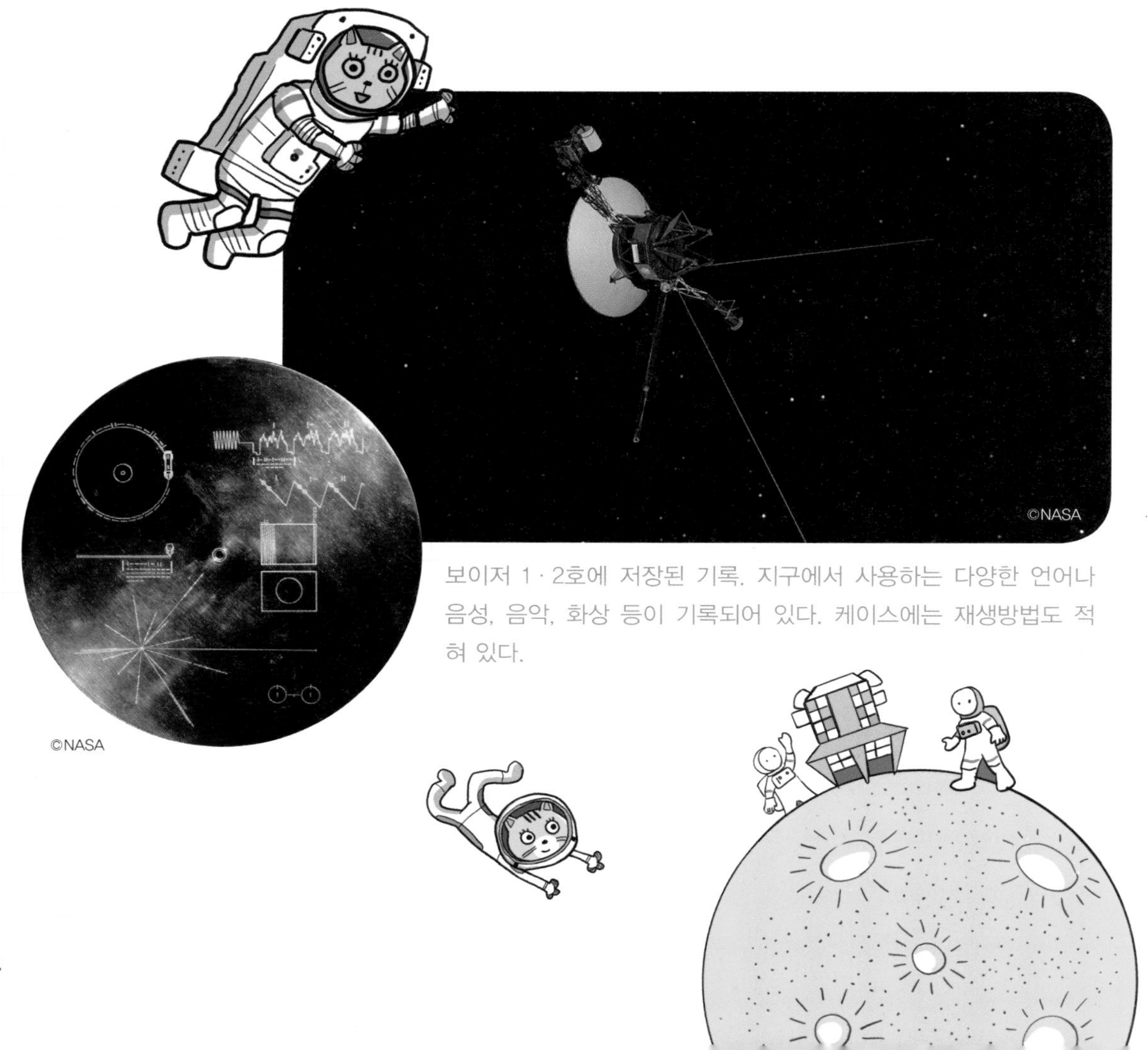

보이저 1 · 2호에 저장된 기록. 지구에서 사용하는 다양한 언어나 음성, 음악, 화상 등이 기록되어 있다. 케이스에는 재생방법도 적혀 있다.

어디까지 갈 수 있을까?

지금 갈 수 있는 곳 & 앞으로 갈 수 있는 곳

우주여행 계획

우주에 대한 흥미가 생겼다면 이제 우주여행을 시작할 차례다.
현재의 기술로 갈 수 있는 우주여행이나 계획을 정리해 보았다. 당신의 선택은?

어떤 여행이든지
언젠가는 가보고
싶네!

꿈이 펼쳐지는 우주여행!

어느새 여행의 목표를 우주로 가는 사람이 늘어나고 있다. ISS에서 여행 목적으로 머무는 것이다. 아직은 너무 비싸서 아무나 갈 수는 없지만 가까운 미래에 더 적은 비용과 안전한 방법으로 우주로 나갈 수 있다면 우주여행은 더 이상 특별한 여행은 아닐 것이다.

달이나 화성에 머무는 계획도 구체적으로 추진 중이다. 여러분이 어른이 되었을 무렵이면 화성리조트에서 일하는 친구가 있을지도 모른다.

계획 1

ISS(국제우주정거장)체류 여행

예산 1인당 약 **500**억 원(10일 간)

ISS(국제우주정거장)은 땅에서 약 400km 상공에 만들어진, 우주실험 시설을 말한다. 미국이나 러시아, 유럽, 일본 등이 중심이 되어 국제협력으로 운영된다. 지금까지는 우주실험을 위해 특수훈련을 받은 우주비행사만 머물러 왔지만, 최근에는 민간인도 머물 수 있게 되면서 우주여행 장소로 주목받고 있다.

정해진 비용은 아니지만 10일 동안 머무는데 한 사람당 약 500억 원이 드는 것으로 알려져 있다. 우주에서 지구를 바라보는 일은 다른 곳에서는 느낄 수 없는 특별한 체험이다. 그래서 우주로 가기 위해서 몇 개월 동안의 특별훈련이 필요하다.

계획 2

우주공간 단기간 체류 여행

예산 1인당 약 3억 원(당일 귀환)

1인당 약 3억 원으로, 계획1에 비해서는 그래도 싼 하루짜리 우주여행이다. 「서브오비탈(Suborbital)우주여행」이라고 하는데, 로켓을 타고 상공 100km 우주로 간 다음 약 4분 동안 무중력 상태를 체험할 수 있다.

단지 4분에 불과하지만 지구에서는 체험할 수 없는 특별한 시간을 보낼 수 있다. 최첨단 로켓을 타고 약 45분 뒤에는 우주에 머물게 된다. 아름다운 지구를 바라본 다음에는 다시 대기권으로 진입해 우주항이라고 해서, 우주선을 위한 공항으로 돌아온다. 여행은 하루에 다 끝나지만 3일 동안의 훈련을 받고나서 출발한다.

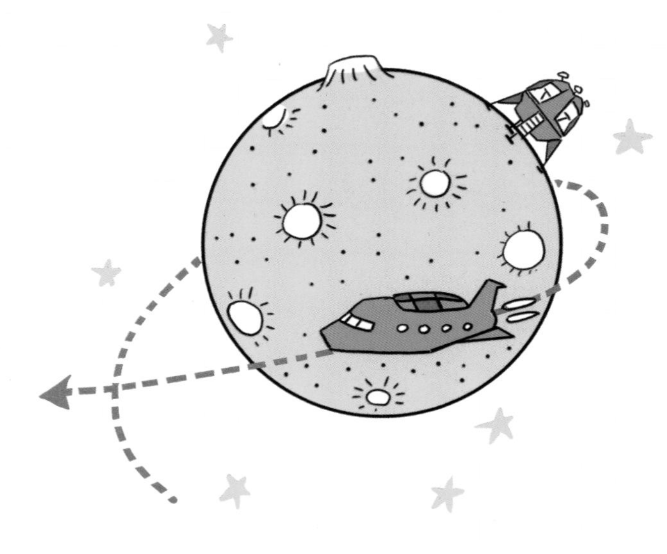

달 일주 여행

예산 1인당 약 **2,000**억 원(약 2주일)?

가까운 미래에 가능할 것으로 예상되는 여행이 달까지 로켓으로 날아가 달 주위를 돌아보고 오는 「달 일주 여행」이다. 실제로 미국의 스페이스 어드벤처 회사가 구체적인 계획을 발표하기도 했다. 달까지는 약 3일 반이 걸리기 때문에 우주를 여유 있게 즐길 수 있다.

지구에 있는 사람은 볼 수 없는 달의 뒷모습을 본다거나, 멀리 떨어진 우주에서 지구 모습을 바라보는 일은 참가자에게만 허락된 특별한 체험이 될 것이다. 마음 편히 참가할 수 있는 날도 멀지 않았다.

화성 탐사여행

예산 ?(미정)

지구와 가까운 이웃 화성. 착륙할 수 있는 땅도 있고 지구와 조금 닮은 구석도 있다. 그래서 인류가 정말로 갈 수 있는 곳인지 아닌지 현재 탐사차 큐리오시티가 조사하고 있다. 또 미국이 '2030년대에는 화성에 인류를 보내고 싶다'고 발표해 화제를 모은 적도 있다.
약 38억 년 전에는 화성에도 지구처럼 물이 있었음이 밝혀졌다. 생물이 있을까? 앞으로 인류가 이주해서 살 수 있을까? 편도로 약 반 년은 걸리는 가깝고도 먼 화성이지만, 여행으로 갈 수 있는 날도 그리 먼 일만은 아닌 것 같다.

꿈이 현실로,

우주여행을 떠나보자!

ISS (국제우주정거장) 생활

미국과 러시아, 일본, 유럽우주기관(ESA), 캐나다가 협력해서 우주개발을 추진하는 ISS(국제우주정거장)란 어떤 곳일까?

돈이 있으면 정말로 갈 수 있다!

ISS가 뭐지?

ISS란 국제우주정거장(International Space Station)을 말한다. 처음에는 인류가 달이나 화성에 가기 위한 역(Station)으로 만들려고 했다. 하지만 지금은 인류의 우주개발을 위한 연구시설로 사용되고 있다.

모듈이 뭐지?

나름의 역할을 하는 캡슐을 모듈이라고 부른다. ISS는 각국의 여러 가지 모듈이 연결되어 이루어진다. 1998년부터 재료를 조금씩 우주로 갖고 가서 조립하다가 2011년 7월에 완성했다.

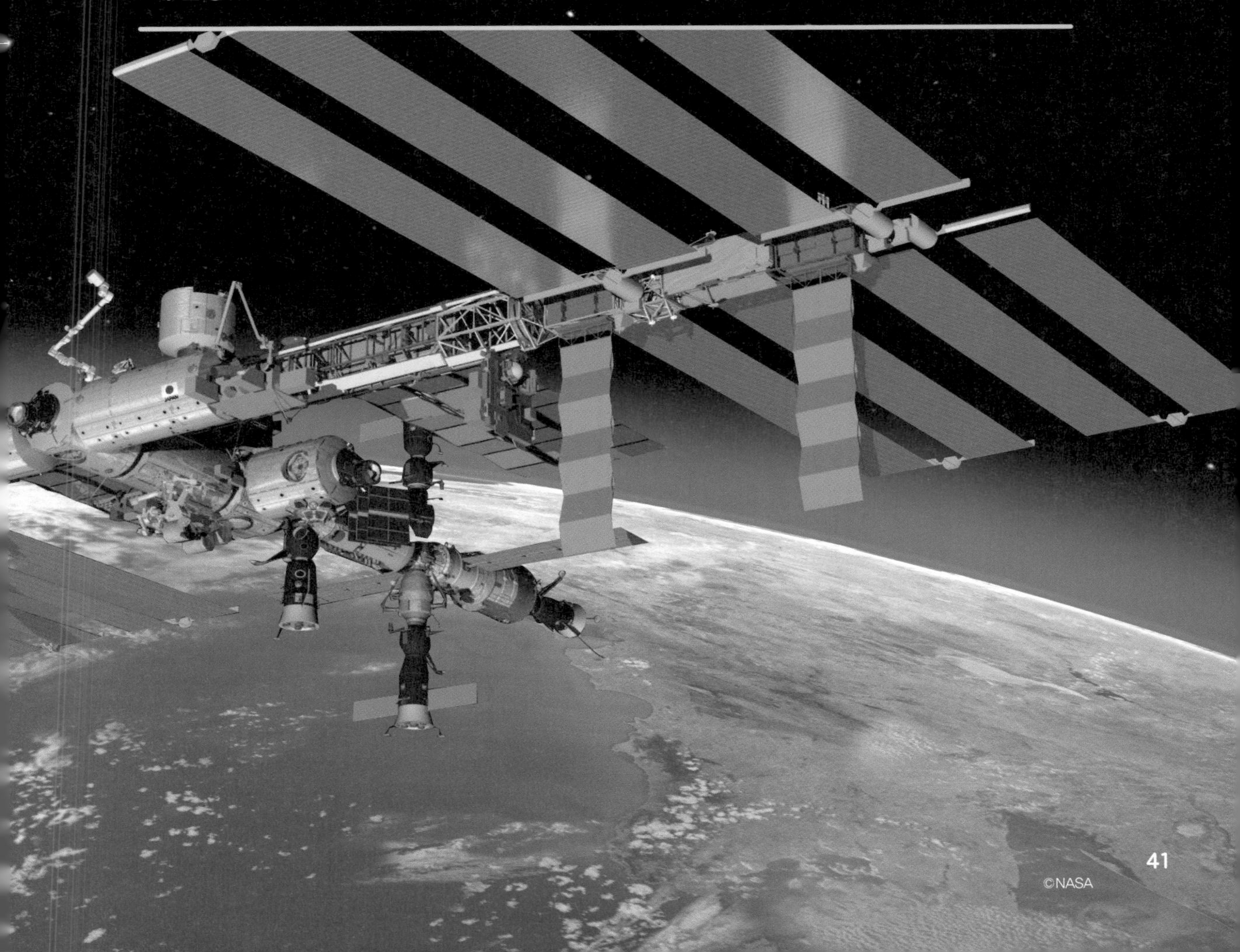

©NASA

1 일본의 실험실, 「희망」

일본이 만든 실험 모듈이 '희망'이다. ISS의 4가지 실험 모듈 중에서 최대를 자랑한다. 우주선 밖의 실험장도 있다.

호텔같이 편한 곳

2 즈베즈다(Zvezda)

러시아가 만든 거주공간이다. 체류하는 사람들이 밥을 먹거나 잠을 자는데 사용한다.

ISS의 기둥

3 트러스(Truss)

ISS의 등뼈에 해당한다. 모듈이나 태양전지패들 등을 단단히 고정할 수 있도록 튼튼하게 만들어졌다.

지구를 바라보는 곳

5 큐폴라(Cupola)

7개의 창이 돌출되어 있다. 우주의 경치를 잘 볼 수 있도록 만든 관측창이다.

ISS에서 사용하는 전기를 만드는 곳

4 태양전지 패들(Paddle)

좌우 각각 8개씩, 총 16개가 펼쳐져 ISS에서 사용하는 모든 전기를 만든다. 항상 태양을 향하도록 자동으로 회전한다.

지구를 우주에서 볼 수 있다니 멋지다냥!

ISS에 관한 기본 데이터

크기 가로 72.8m×세로 108.5m

면적을 대략 7,900m². 축구장 1개 정도의 넓이다. 용적 935m³에 질량(무게)은 약 420톤이다. ISS는 긴 쪽을 옆으로 해서 날고 있다.

어디에 있나? 고도 400km 우주에 위치

지상 100km 위쪽부터 우주라고 부른다. ISS는 지상에서 400km 높이에서 날고 있다. ISS는 해가 진 뒤 약 2시간 정도 지구에서 볼 수 있다.

속도 지구를 90분마다 한 바퀴 돈다.

ISS는 시속 28,000km로 움직인다. ISS에서 밖을 내다보면 45분마다 일출과 일몰을 볼 수 있는데, 이는 하루에 지구를 약 16바퀴 도는 셈이다.

도착 방법 ISS행 우주선을 타고 간다.

미국에서는 우주선 크루 드래곤(Crew Dragon)을 타고, 러시아에서는 소유즈(러시아어로 연합을 뜻함)를 타고 갈 수 있다. 앞으로 미국 보잉사에서 만든 CST-100도 다닐 예정이다.

훈련을 통해서 본 여정!

ISS를 향한 여행, 출발 ~

ISS로 여행을 떠날 경우에 어떻게 가는지,
어떤 준비가 필요한지부터 먼저 알아보자.

단계 1

우주로 가기 위한 훈련시작!

급강하하는 비행기 속에서 무중력 훈련을 받는 모습. ©SPACETODAY

우주로 가려면 훈련이 필요

우주여행을 하는 사람은 한명도 빠짐없이 훈련을 받아야 한다. 중력 변화에 익숙해져야 하기 때문이다. 또 우주에 체류하는 동안에 어떤 일이 일어나서 피해야 하는 경우를 위해서이기도 하다. 일 때문에 우주에 가는 우주비행사는 몇 년을 거쳐 훈련하지만 여행으로 가는 경우는 며칠~몇 개월이면 된다. 충분히 준비하도록 하자!

이런 훈련도 받는다!

무릎을 감싸고 2시간 동안 앉아있기!

무릎을 감싸고 2시간 이상 앉아 있는 훈련은 좁은 우주선 안에서 오랫동안 참기 위한 연습이다. 조금도 움직이지 않고 계속해서 앉아 있을 수 있을까? 시간 있을 때 한 번 경험해보면 어떨까.

오랫동안 배드민턴 하기!

우주에 가기 위해서는 건강한 몸과 좌절하지 않는 의지가 필요하다. 오랫동안 배드민턴을 치면서 체력을 키우는 것도 훈련 방법 중 하나다. 또 "왜 이 정도로 배드민턴을 치지?"할 만큼의 스트레스를 견디는 훈련도 된다.

야외 리더십 훈련

©JAXA/NASA

산이나 강, 호수 등 다양한 조건의 야외에서 힘든 상황을 벗어나는 훈련도 한다. 목숨을 지키기 위해서 동료와 협력해 미션을 달성한다. 팀워크를 중시하면서 결단을 내리는 리더십도 키운다.

우주선 밖 활동 훈련

이 훈련은 우주비행사만 하는 훈련이다. 우주복을 입고 수영장 같은 물속에서 움직이면서 움직이는 법을 익힌다. 이런 훈련을 거쳐야 우주선 밖에서 작업할 때 안전하고 능률적으로 일 할 수 있다.

©JAXA/NASA/Norah Moran

ISS행 우주선 탑승

추진로켓으로 ISS까지 한 번에 도착!

훈련을 마쳤으면 로켓을 타고 ISS로 출발! ISS행 우주선은 몇 종류가 있지만 어떤 종류든 간에 추진로켓 끝에 위치한 우주선을 타고 ISS로 가게 돼 있다. 여러 가지 우주선이 개발되면서 더 싸고 안전한 우주여행이 가까워지고 있다.

현재 가장 최신형인 ISS행 우주선. 팔콘9라고 하는 추진로켓 끝에 위치한 상태로 발사된다. 우주선 내의 스위치들은 태블릿 같은 터치 방식이다. 자동으로 ISS에 도착한다. 멋진 우주복도 주목을 끈다. 반복해서 사용할 수 있어서 경제적이다. 7인승.

미국

CST-100

최신형 캡슐 타입!

비행기를 만드는 보잉사가 개발 중인 우주선. 스페이스 셔틀(하단) 최후의 우주비행에서 선장을 맡았던 퍼거슨 씨가 개발에 참여했다. 총 10회 우주에 갈 수 있도록 만들기 때문에 앞으로 저렴한 우주여행이 가능할 것으로 기대된다. 7인승.

©NASA
보잉 회사

©NASA

러시아

약 3 시간이면 ISS에 도착!

소유즈

러시아어로 단결이라는 의미의 우주선. 1966년에 데뷔해 모델 변경을 거치면서 많은 우주비행사를 ISS에 태우고 다녔던 베테랑 우주선. 발사 후 약 3시간이면 ISS에 도착할 수 있다. 안전하고 경제적이기 때문에 이미 우주여행에 이용되고 있다. 3인승.

©NASA

미국

아쉬운 은퇴!

스페이스 셔틀

NASA(미항공우주국)의 재사용 우주선으로, 2011년까지 30년간 활약했다. ISS나 우주망원경을 만들기 위한 재료를 실어 나르거나 우주비행사를 태우고 다니다가 은퇴. 비행기 같이 착륙하는 방식으로 지구로 귀환했다. 7인승.

©NASA

칼럼 1

로켓 이해하기!

우주까지 간다는 건 대단한 일이야!

로켓은 어떻게 우주까지 날아 갈 수 있을까?

A 풍선 같은 방식으로 우주까지 갈 수 있다!

공기를 가득 넣은 풍선을 들고 있다가 손에서 놓으면 공기를 내뿜으면서 날아간다. 로켓도 똑같다. 뒤쪽으로 가스를 세차게 밀어내면서 그 반동으로 날아가는 것이다.

로켓이 우주까지 중간에 떨어지지 않고 날아가기 위해서는 가스를 강하게 뿜어내야 한다. 그래서 로켓에는 연료 등을 넣은 대형 탱크가 있는 것이다.

©NASA

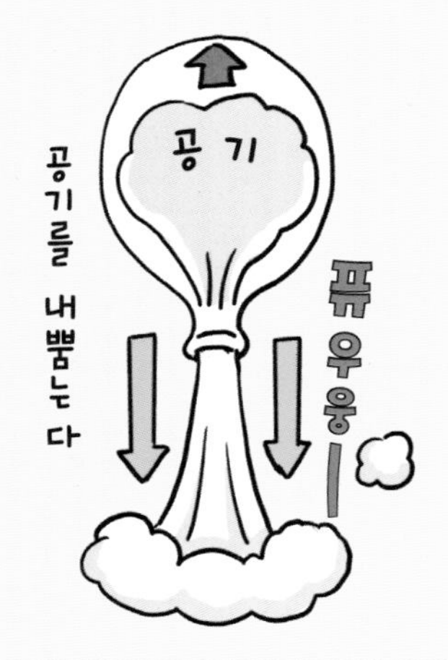

강한 힘을 내뿜는 반동으로 날아가는 방식은 풍선이나 로켓 둘 다 같다. 지구에는 중력이 작용하기 때문에 우주까지 가려면 상당히 많은 에너지가 필요하다.

추진로켓은 어떻게 이루어져 있나?

H-ⅡB 로켓(일본)

팔콘9(미국)

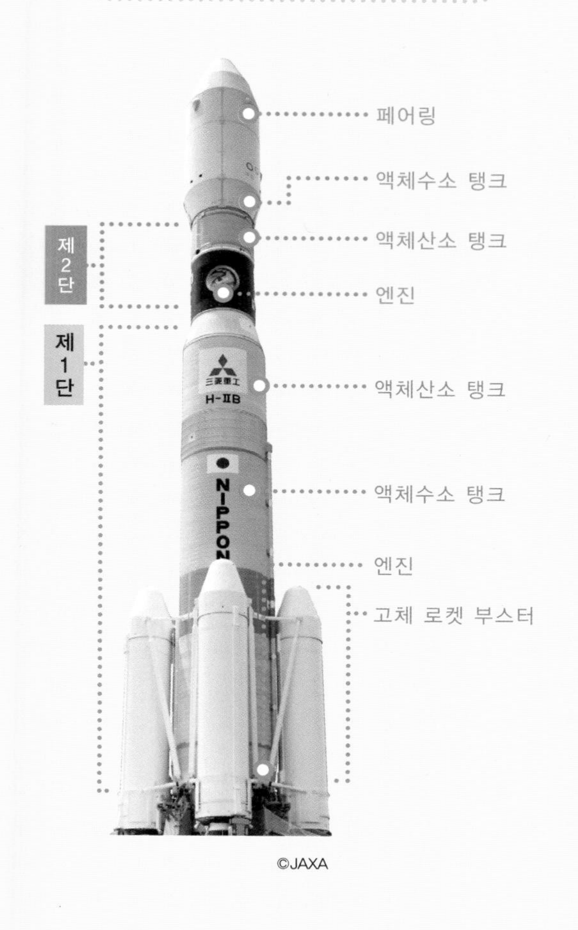

ⓒJAXA

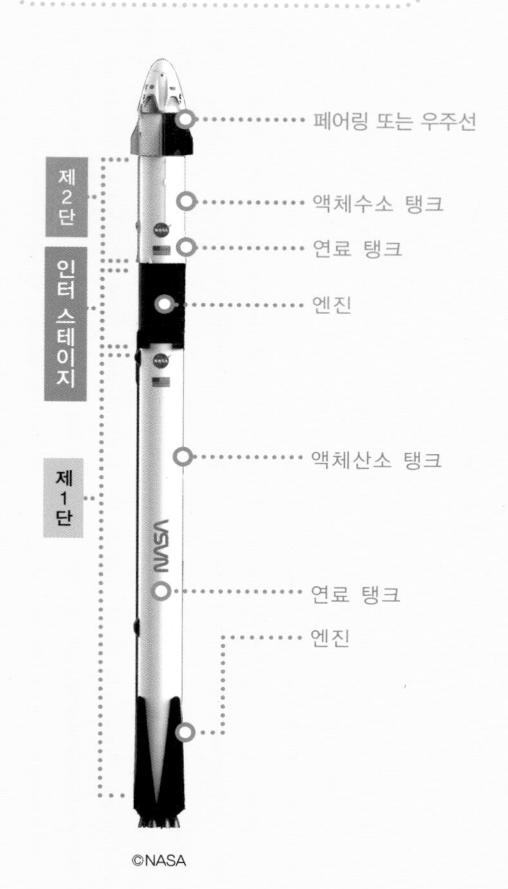

ⓒNASA

우주로 날아가려면 추진로켓이 필요하다. 추진로켓 가장 위쪽에는 위성이나 물건을 담은 페어링(Fairing)이나 사람이 탄 우주선처럼 쏘아 올려야 할 것들을 싣고 발사된다. 연료와 엔진은 제1단과 제2단으로 나누어져 있다가 높이 올라갈수록 분리되면서 날아간다.

팔콘9의 비행과정

뿜어내는 힘이 똑같을 경우, 가벼운 쪽이 빠르게 날 수 있다. 그래서 로켓은 사용한 연료탱크를 버리고 가벼워지면서 속도를 높인다. 이런 방식으로 로켓은 떨어지지 않고 우주까지 가는 것이다.

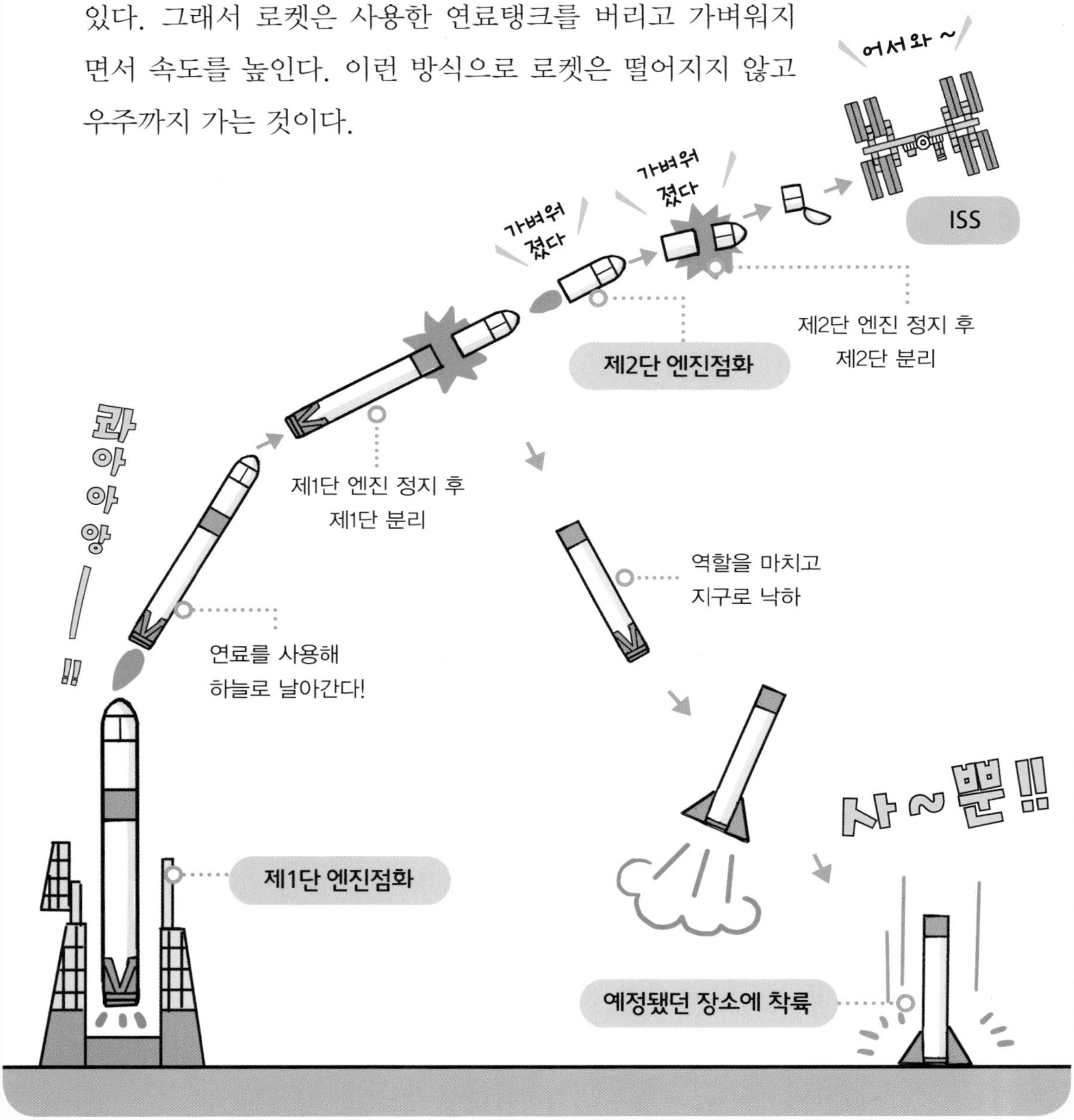

어서와 ~

ISS

가벼워졌다

가벼워졌다

제2단 엔진 정지 후
제2단 분리

제2단 엔진점화

콰아아앙—!!

제1단 엔진 정지 후
제1단 분리

역할을 마치고
지구로 낙하

연료를 사용해
하늘로 날아간다!

사~뿐!!

제1단 엔진점화

예정됐던 장소에 착륙

다시 사용할 수 있어서 대단!

최신 로켓「팔콘9」

최신 로켓은 몇 번이나 사용할 수 있어서 경제적이다!

팔콘9은 미국에서 개발된 추진로켓이다. 주요 용도는 ISS로 사람이나 물건을 보내는 우주선인 드래곤2를 쏘아올리는 것이다. 팔콘9이 지상에서 100km 떨어진 우주까지 올라가면 물건이 들어있는 페어링이나 우주선을 분리한다. 팔콘9(제1단)은 그대로 지구로 떨어져 예정된 장소에 자동으로 착륙한다. 돌아온 팔콘9은 다시 추진로켓으로 사용한다.

바다 위의 예정된 장소로 돌아온 제1단 로켓.

로켓 발사

발사 2시간 전에는 우주선 입구(해치)가 닫힌다. 약 30분 전부터 탱크에 연료를 주입하면 준비는 끝난다. 발사 카운트다운이 시작되고 드디어 발사!!

1 발사 3일전부터 예행연습 실시!

발사 3일전부터 로켓을 쏘아올리는 위치에서 몇 번이고 발사까지의 예행연습을 한다. 각자의 몸에 맞춰서 만든 특별한 우주복을 입고 진짜 발사 때와 똑같이 행동하면서 이상한 점이 없는지 확인하는 것이다. 전 세계의 주목을 끌기도 한다!

2 발사 3시간 전에 드디어 우주선에 탑승!

드디어 출발할 시간이 다가왔다. 발사 3시간 전에는 우주선에 탑승해 출발 시간을 기다린다.

3 드디어 발사! 우주 진입!

발사할 당시의 크루 드래곤 우주선 실내 모습. 진동과 큰 소음이 나긴 하지만 안정적인 비행으로 ISS를 향해 날아간다. 우주로 나아가는 건 10분도 걸리지 않을 만큼 금방이다. 놀이기구 제트 코스터를 탔을 때처럼 몸이 시트에 파묻힐 만큼 강력한 속도를 경험한다. 지구를 도는 속도에 도달해 엔진을 정지하면 우주선 내는 무중력 상태가 된다.

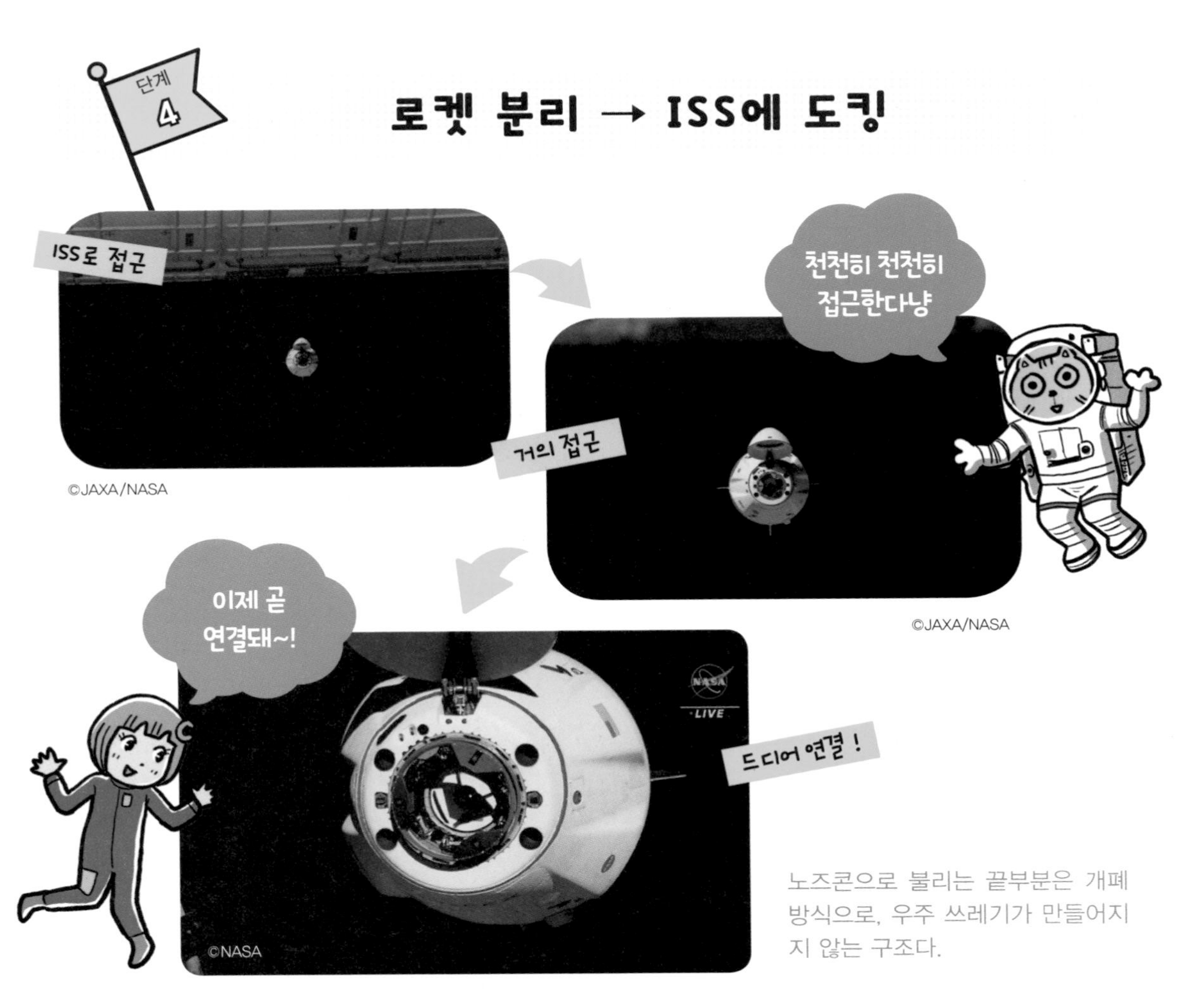

노즈콘으로 불리는 끝부분은 개폐 방식으로, 우주 쓰레기가 만들어지지 않는 구조다.

지구 주위를 도는 ISS 속도에 맞추면서 천천히 접근한다. 도킹하는 순간에도 같은 속도를 유지하기 때문에 별다른 흔들림 없이 안전하게 연결된다. 지구로 돌아올 때까지 우주선은 이대로 ISS와 연결되어 있는다.

ISS와 우주선이 하나가 된다!

우주에 도달하면 궤도에 올라 ISS로 접근한다. 지구 주변을 도는 ISS로 조금씩 접근하다가 자동적으로 도킹(Docking). 틈새가 없이 연결되었는지, 기압(공기 무게)이 똑같은지 등을 확인하고 나면 해치가 열린다. 해치를 넘어가면 이제 ISS다!

드디어 ISS로! 이제부터 우주에서 생활하기

해치가 열리고 ISS에 들어가다!

해치가 열리고 ISS에 있던 사람들과 악수를 나눈 다음 드디어 ISS로 들어간다! 물론 이미 무중력이기 때문에 몸은 떠 있는 상태다. 걷는 것이 아니라 손으로 벽을 밀면서 가야한다. ISS 안은 쾌적하게 지낼 수 있도록 온도가 설정되어 있기 때문에 우주복에서 보통 옷으로 갈아입고 편하게 지낼 수 있다. 참고로 신발은 벗고 양말 채로 돌아다닌다.

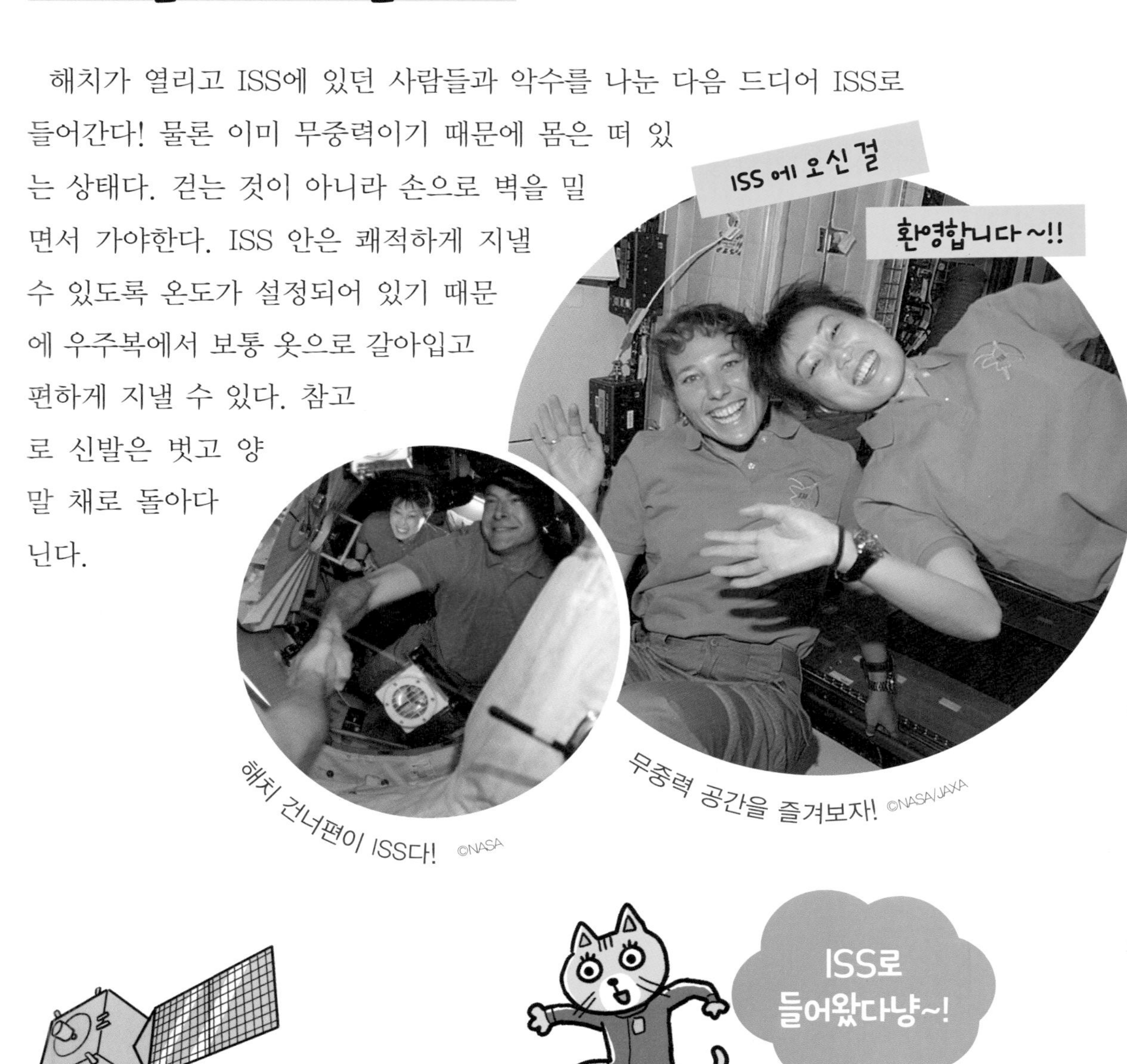

해치 건너편이 ISS다! ©NASA

무중력 공간을 즐겨보자! ©NASA/JAXA

우주에서 지구를 바라보자!

ISS에 오신 걸 환영합니다!

이제부터 ISS에서의 생활이 시작되었다. 창문으로는 우리가 사는 푸른 혹성인 지구가 보인다. ISS 생활에 대해 살펴보겠다.

이 풍경은 우주에서만 볼 수 있는 모습!

계속 바라보고 싶게 만드는, 창을 통해 보는 우주의 모습

옆의 사진은 ISS에서 경치를 가장 잘 즐길 수 있는 관측공간인 큐폴라(Cupola)에서 본 지구의 모습이다. 둥근 지구를 우주에서 볼 수 있는 것은 우주에 체류하는 사람만의 특권. 흘러가는 구름이나 대자연의 아름다움을 고도 400km에서 체감할 수 있다.

ISS와 지구의 관계

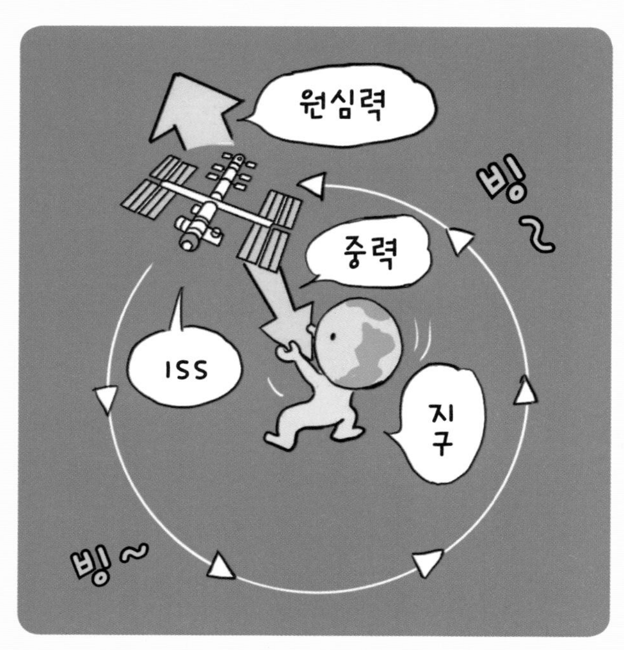

지구 주위를 28,000km나 되는 속도로 도는 ISS. 이는 KTX의 최고속도인 300km보다 90배가 넘는 빠르기다. 밖으로 튕겨나가려는 원심력과 지구가 당기는 중력에 의해 균형을 이루면서 ISS 내부는 무중력 상태를 보인다.

지구 대기와 달이 겹치는 환상적인 모습. 우주여행에서 보고 싶은 모습 가운데 하나다.

항상 지구 쪽으로 향해 있는 전망창 큐폴라. 반원형 유리창이 밖으로 돌출되어 있어서 언제든지 지구를 바라볼 수 있다. 스마트폰의 어플 구글 어스(Google Earth)에서 큐폴라 관측 모듈을 검색하면 큐폴라에서 바라보는 경치를 체험할 수 있다.

실제 우주에

다녀온 우주비행사의

체험담!

상상했던 것 보다 우주는 더 멋있었다!

야마자키 나오코

직업

우주비행사

일본인. 1999년에 ISS에 탑승할 우주비행사 후보로 선정된 이후, 2010년 4월에 미션 스페셜리스트 자격으로 스페이스 셔틀 디스커버리호에 탑승해 ISS 등에 15일 동안 체류. ISS 조립 · 보급 업무를 수행했다. 좋아하는 별은 처녀자리의 일등성인 스피카(Spica).

지구는 살아있다!

야마자키 우주비행사님!
우주에 간 느낌 점을
알려주세요!

©NASA

우주에 가서 느낀 점이라면 지구는 살아있다는 것이었어요. 낮에는 역동적으로 움직이는 자연을 느낄 수 있었고, 밤에는 전기불로 빛나더군요. 대자연의 경이로움에 감동이 느껴지는 동시에 인간이 쌓아올린 문명도 멋지다는 느낌이었습니다. 우주 파편이 모여서 지구가 만들어졌고 거기서 태어난 것이 우리 인류입니다. 그런 의미에서 우주에 가는 일은 마치 고향으로 돌아가는 것 같이 정겹고 미묘한 느낌도 들었죠.

지구에서 훈련 받을 때는 어떤 느낌이었나요?

언제든 우주로 떠날 수 있는 상태를 유지하는 것이 중요

우주비행사로 선정되고 나서 계속해서 훈련을 받는 동안에도 언제 우주로 갈 수 있을지 기약이 없다는 점이 조금 힘들었습니다. 훈련을 받는다고 해서 반드시 우주에 갈 수 있는 건 아니기 때문이죠. 하지만 언제 가든지 항상 최상의 준비를 해 둘 필요가 있었습니다. 저 같은 경우는 탑승을 기다리는 시간이 길었기 때문에 컨디션 유지가 힘들었습니다. 훈련 자체는 상당히 힘든 편이지만 즐겁게 할 수 있었구요.

무중력 공간은 어떤 느낌입니까?

물속에서 뜰 때의 부력 같은 느낌하고 비슷하다고 할까요. 위아래 구별 없이 자유롭게 움직일 수 있죠. 잘 때는 침낭에 들어가서 자는데, 침낭 안이라고 해도 몸도 뜨고 머리도 떠 있게 됩니다. 그래서 잠을 잘 못자는 사람도 있었지만 저는 그게 재미있어서 뜬 상태에서도 잘 잤습니다.

무중력 훈련 중인 야마자키 우주비행사. 둥둥 떠 있는 상황을 웃으면서 즐기고 있다.

지구에서 체험할 수 없는 무중력도 즐거운 재미!

©NASA

새삼 실감하게 된 지구의 멋진 모습

우주에서 돌아온 다음 지구를 바라보는 눈이 달라졌나요?

우주에 갈 때까지만 해도 우주만 특별한 곳이라고 생각했는데, 우주에서 지구로 돌아오니까 지구야 말로 특별한 존재란 걸 깨달았죠. 산들바람, 아름다운 꽃, 싱그러운 공기…. 그런 하나하나가 다 고마웠습니다. 여행에서 돌아왔을 때 내가 사는 마을이 좋다고 느껴지는 것처럼 지구가 좋다는 사실을 알게 된 느낌이에요.

앞으로의 우주여행에 기대하는 점이 있다면요?

다양한 국적의 우주비행사들과 합숙하듯이 즐겼던 ISS 체류기간 ©NASA

달에 가서 지구를 배우는 날을 상상!

수학여행으로 달에 가고, 달에 만든 학교에서 지구에 관해 배우는 상상…. 그런 날이 오면 좋겠다고 생각합니다. 또 쉽게 우주여행을 할 수 있게 되면 지금까지 못했던 방식으로 우주를 즐긴다거나 새로운 스포츠, 문화도 생겨날 겁니다. 그런 날을 기대해 봅니다.

또 다시 갈 수 있다면
무엇을 하고 싶습니까?

©NASA

야채와 꽃을 키우는 우주생활

만약에 또 갈 수 있다면 창문으로 지구를 바라보며 멍 때리는 시간을 가질 만큼 여유롭게도 지내보고 싶어요. 연구를 할 수 있다면 우주에서 다양한 종류의 야채나 꽃도 길러보고 싶습니다.

맛있는 우주에서의 식사

카레라이스와 컵라면

강하고 확실한 맛을 내는 음식이 맛있게 느껴졌습니다. 저녁은 다 같이 모여서 편하게 대화하며 먹어요. 각국 음식에 관해 잡담을 나누면서 함께 했던 식사도 소중한 추억이었죠.

ISS에서 생활하기 & 잠자기

체격이 커도

둥둥 떠다닐 수 있다!

무중력으로 떠 있는 올렉 아르테메프 러시아 우주비행사. 점퍼도 이런 식으로 들뜬다. 일상용품은 떠다니지 않도록 찍찍이 같은 걸로 벽에 고정시킨다. 실험용품이나 버튼 등은 건들지 않도록 주의해야 한다.

©NASA

무중력 상태에 몸을 적응해야

ISS는 지구와 달리 무중력 상태다. 그래서 바닥에 발이 닿지 않아도 몸이 둥실둥실 떠 있는 느낌을 즐길 수 있다. 실제 경험 속에서 따져보면 물속과 같다. 팔을 크게 흔들면 그 방향으로 몸이 돌기도 한다. 나아가고 싶을 때는 벽을 짚고 민다거나 고정된 바를 잡고 가볍게 움직이면 된다. 바닥이나 천정이 없고 전부가 벽이라는 사실도 알아두자.

©NASA

개인실에서 사생활도 유지

기본적으로 ISS는 오픈된 공간이라 각 모듈 사이에 문이나 구역이 따로 없다. 각 모듈에서는 각국에서 온 우주비행사들이 실험 등을 하기 때문에 인사를 나누면서 교류하는 것도 좋을 것이다. 여행자나 장기간 체류하는 우주비행사을 위한 조그만 개인실도 준비되어 있기 때문에 피곤할 때나 혼자서 쉴 수도 있다. 노트북으로 지구와 통화하는 것도 가능하다.

때로는 혼자있을 수도 있다.

©JAXA/NASA

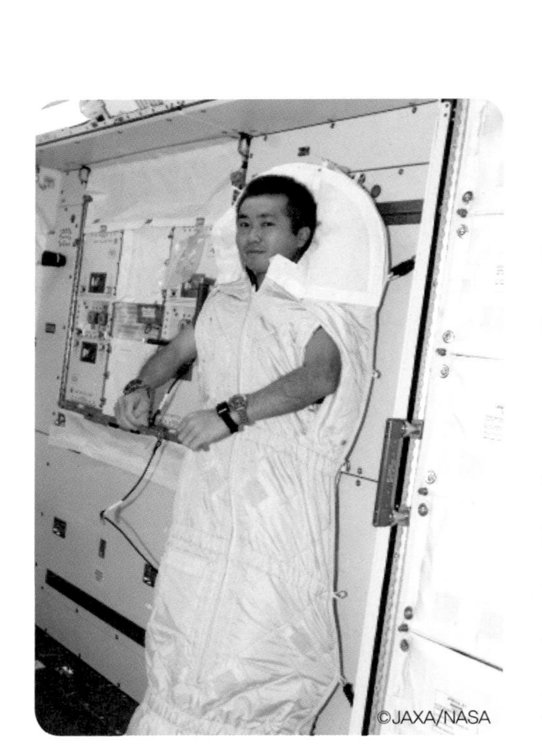

©JAXA/NASA

침낭에 들어가 있는 와카다 고이치 우주비행사. 무중력에서 힘을 빼면 팔이 올라가기 때문에 잠을 잘 때는 양팔이 올라가 만세를 부르는 상태처럼 된다.

잘 때는 침낭에 들어가 떠서 자야한다!

ISS에서는 지구의 호텔처럼 침대에서 자는 것이 아니라 벽에 고정된 침낭에 들어가서 잔다(통상 개인실 안에 설치되어 있다). 잠버릇이 있는 사람이라도 침낭이라면 구를 염려가 없기 때문에 안전하다. 또 ISS 실내는 항상 공기조절 팬이나 기계소리가 나고 조명도 밝기 때문에 신경이 쓰일 수도 있다. 눈가리개나 귀마개를 준비해 가는 것도 좋다.

지구로 돌아갈 때를 위해 근력운동이 필요

인간의 몸은 무중력에서 근력을 별로 사용하지 않기 때문에 몸이 굳어서 근력이나 뼈가 약해진다. 따라서 지구로 돌아갔을 때 몸에 무리가 가지 않도록 ISS에 체류하는 동안 매일 근력운동을 할 필요가 있다. 매일 2시간씩 운동기구를 사용해 전신을 움직이면서 몸을 단련하도록 한다.

ISS에서 운동하면 위험하지 않을까 하고 궁금해 하겠지만, 특별한 운동기구가 준비되어 있으므로 안심해도 된다.

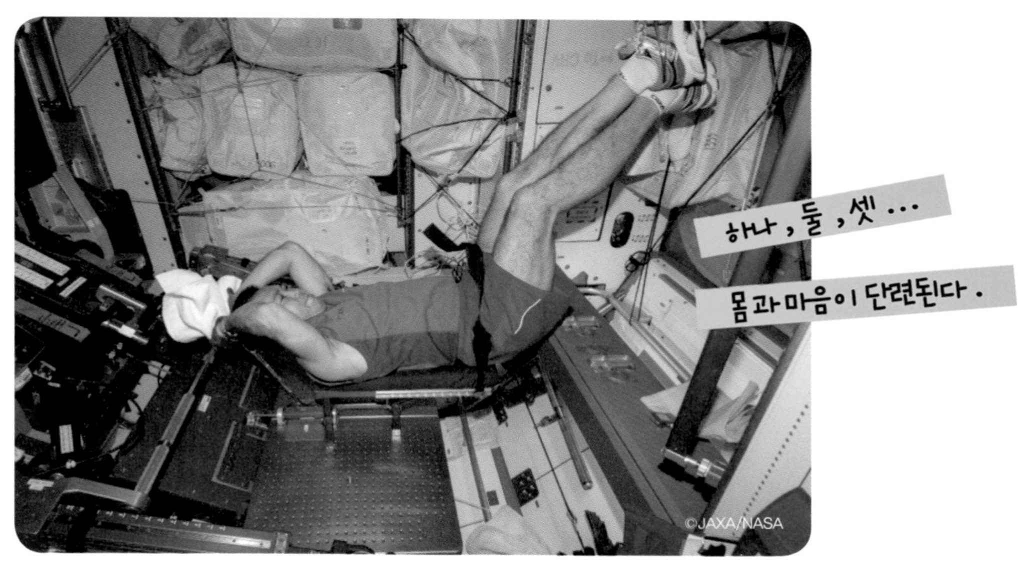

몸이 뜨지 않도록 고정할 수 있는 특별한 운동기구를 사용해 몸을 단련한다. 기분 전환도 되기 때문에 마음의 건강을 유지하는데도 도움이 된다.

우주에서도 깨끗하게 있어야지!

생활 속 이모조모

목욕은…

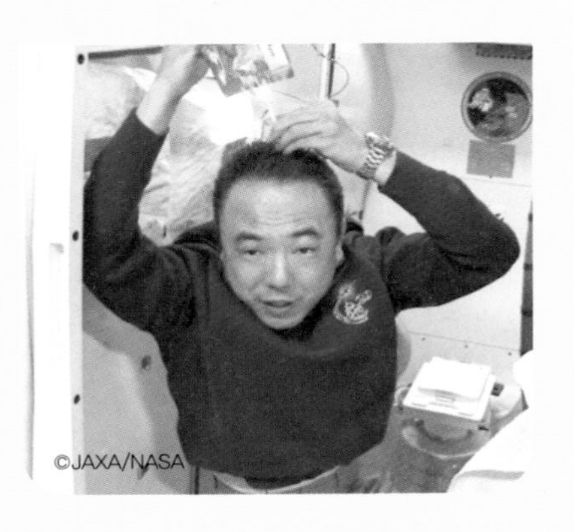

©JAXA/NASA

우주에서는 물이 귀하다. 게다가 무중력이라 물방울이 사방으로 튀기 때문에 ISS에서는 목욕이나 샤워, 세수를 하지 않는다. 얼굴이나 몸은 젖은 수건으로 닦는 정도로 끝이다. 머리는 물 없이 사용할 수 있는 드라이 샴푸로 감은 다음 마무리는 수건으로 닦는다. 손이나 얼굴을 씻을 때도 마찬가지로, 비누를 묻힌 젖은 수건을 사용하면 된다.

©NASA

화장실은…

청소기 같이 생겨서 배설물을 빨아들이는 특별한 변기를 사용한다. 몸이 떠 있기 때문에 변기에 앉으면 발쪽에 있는 막대로 발을 고정하고 볼일을 봐야 한다. 대변도 뜨기 때문에 약간의 요령이 필요한데, 그것은 현지에서 알려준다. 그리고 소변은 최신기술을 사용해 물로 가공한 다음 ISS 내의 음료수로 이용된다.

양치질은…

©JAXA/NASA

물이 귀하기 때문에 목욕과 마찬가지로 이를 닦을 때도 물은 사용하지 않는다. 먹어도 괜찮은 성분의 치약으로 닦은 다음 그대로 삼키면 된다. 약간의 물로 입을 헹구었을 때는 역시나 삼키든가 수건에 뱉는 방식으로 해결한다.

ORALPEACE Clean & Moisture

오랄피스

ISS에서 사용하는 먹어도 되는 성분으로만 만들어진 양치질용 젤. 재해가 발생했을 때나 움직이기 힘든 환자한테도 도움이 된다.

우주에서 생활하는 방법을 좀 알 것 같아!

어떤 음식을 먹을까? 우주식

즐거운 일 중 하나, 우주식 식사!

우주에서는 불을 사용한 요리도 못하고 식재료도 만들 수 없기 때문에 ISS에 머무는 동안에는 지구에서 갖고 온 우주식을 먹는다. 우주식 음식은 로켓을 이용해 ISS로 옮겨 온 다음 상온에서 장기간 보존할 수 있도록 안전과 맛을 추구한 음식이다. 무중력이기 때문에 접시나 그릇에 음식을 담을 수도 없기 때문에 음식이 날아가지 않는 용기에 담겨서 먹기 쉽도록 가공되어 있다.

우주식은 종류가 300가지나 되기 때문에 어떤 것을 먹을지 생각하는 것만으로도 즐거울 것 같다!

안심·안전한 우주식!

©NASA

러시아 모듈인 즈베즈다에 모여서 저녁을 먹는 모습. 우주비행사들은 모두 다 일이 끝나기 기다렸다가 같이 모여서 저녁을 하는 경우가 많다. 각국의 맛있는 음식을 바꿔서 먹는다거나 크리스마스 같은 날에는 기분을 내기도 한다.

일본 스타일로 만든 우주식!

일본에서는 많은 식품 메이커가 우주식 제작에 참여하고 있기 때문에 우주에서도 일본 스타일의 우주식을 즐길 수 있다. 아래 사진은 JAXA(일본 우주항공 연구개발 기구)가 인증한 우주 일본식 인증을 획득한 음식들이다.

한국 음식도 우주식으로 승인!

무중력과 같은 곳에서 음식을 섭취하기도 어렵지만 근육에서는 질소가 뼈에서는 칼슘이 쉽게 빠지게 되므로 지금도 우주식을 꾸준히 개발하고 있다.

비빔밥, 라면, 잡채, 김치, 불고기 등등... 17종이 승인되어 있다.

우주 컵누들

많이 먹는 컵누들을 우주에서도! ISS에서 먹을 수 있게 70~80℃의 물에 익도록 만들어졌다. 국물은 약간 걸쭉한 편이라 떠다니지 않고 면과 건더기가 잘 섞인다.

우주에서 먹은 가라아게군(치킨너겟)

로손에서 만든 핫 스낵이 우주식으로도 만들어졌다. 우주에서도 고기를 먹고 싶다는 우주 비행사의 의견을 바탕으로 만들었다. 냉동건조 식품이라 식감은 가벼운 편이다.

©JAXA

고등어 간장맛 통조림

고등학교 학생이 개발한 고등어 캔의 우주식. 선배에서 후배로 연구가 이어지면서 14년에 걸쳐 조리법이 완성. 일본에서 잡힌 고등어를 사용한다.

©JAXA

카메다제과의 감씨과자(우주식)

감의 씨와 땅콩 비율이 약 6대 4. 일본에서 파는 감씨과자와 제조방법으로 원료가 똑같기 때문에 우주에서도 같은 식감을 맛볼 수 있다. 장기간 보존이 가능하기 때문에 ISS에서 부스러기가 떠다니지 않도록 전용으로 포장되어 있다.

©JAXA

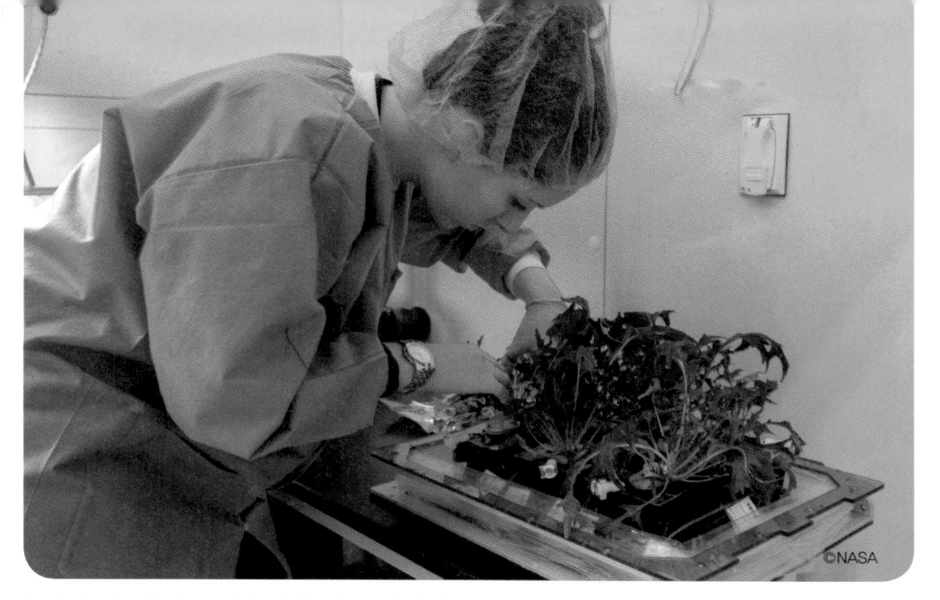

지구에서는 야채가 태양 빛을 받아 자라지만 ISS에서는 어렵기 때문에 베지에서 LED 빛을 이용해 야채를 키운다.

ISS 안에서 야채를 키우는 실험!

미래에 인류가 달이나 화성에 거주하기 위해서는 먹거리 문제를 해결해야 한다. 우주에서 먹거리를 만들지 못한다면 지구에서 갖고 가야 하기 때문이다.

그래서 ISS 안에서는 실제로 야채를 키우는 실험을 한다. 야채재배 장치인 '베지(Veggie)'로 양상추나 쐐기풀 같은 잎 식물을 키워서 수확하는 실험으로 우주에서의 재배과정이나 영양, 맛을 확인한다. 이때 수확한 야채는 우주비행사들이 샐러드로 먹는다.

©NASA

아마라 머스터드라고 하는 야채가 우주에서도 싱싱하게 자라는 모습. 우주에서 가꾸는 정원도 꿈이 아니다!

묵묵히 일하는 일꾼

물자보급선

신선한 과일이나 야채를 운반한

황새

ISS의 로봇 팔에 의해 분리된 「황새」(8호기).

물자보급선 황새가 가져다 준 과일을 보며 즐거워하는 우주비행사

일본의 H-IIB 로켓으로 쏘아올리는 물자보급기 「황새」(HTV). ISS에서 필요한 먹거리나 일용품, 물, 실험에 사용하는 배터리 등 약 6톤의 물자를 정기적으로 ISS에 운반해 왔다. 갖고 간 물자를 다 옮긴 다음에는 ISS에서 나오는 쓰레기나 다 사용한 실험기기를 회수한다. 회수한 물자는 지구로 돌아오는 과정에서 지구 대기권에서 태우기도 했다.

ISS에는 꼭 필요한 도우미였지만 2020년 8월에 9호기가 임무를 완수하고 마지막으로 은퇴했다.

후속 물자보급선 HTV-X

황새 뒤를 이어서 새로운 보급선으로 개발 중인 HTV-X(왼쪽 그림은 이미지). 황새가 했던 것처럼 우주비행사의 생활이나 작업을 뒷받침하는 물자를 수송하는 역할 외에, 실험장소로 사용할 수 있도록 최장 1년 반을 우주에 머물 수 있게 만들고 있다.

무슨 일을 할지 두근두근!

우주에서는 무슨 일을 하지 ?

우주에 가는 것 자체도 굉장한 일이지만,
힘들게 우주에 가서는 과연 무슨 일을 할지 알아보자.

지구와 똑같은 24시간 속의 규칙적인 생활

ISS에서는 45분마다 일출과 일몰이 반복되지만 지구처럼 하루 24시간으로 생활한다. 시각은 영국 그리니치 천문대 시각에 맞춰져 있다. 우리나라보다 9시간이 느리다. 한국이 새벽 3시일 때 ISS는 오후 6시다.

우주비행사는 일을 하느라 ISS에 머물기 때문에 오전이나 오후 모두 바쁘게 보낸다. 여행으로 갈 때는 우주에서 해보고 싶은 일, 시도해보고 싶은 일을 사전에 준비해 가는 것이 좋다.

자신이 정한 해보고 싶은 일을 시도 해 본다. 창문으로 풍경을 바라보거나 지구에 있는 친구들과 연락을 주고받을 수도 있다. 자유로운 속에서 바쁘게 보내게 될 것이다.

오전 활동

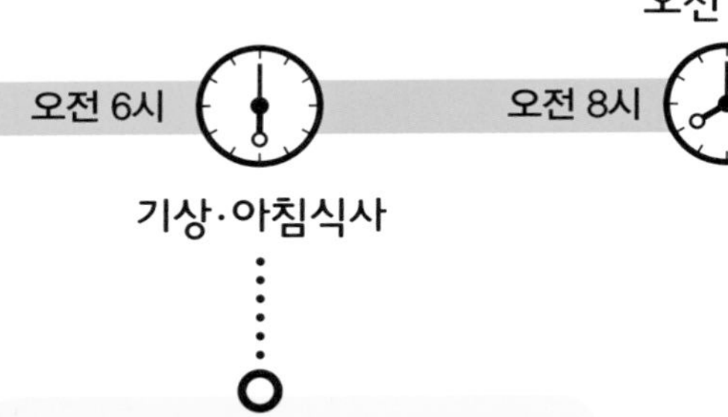

오전 6시 | 오전 8시 | 오후 12시

기상·아침식사

점심식사

아침은 오전 6시에 일어난다. 우주에서 늦잠은 좋지 않다! 얼굴을 닦거나 옷을 갈아입는 등의 준비를 마치고 하루를 시작한다. 아침은 각자 알아서 간단히 끝내야 한다.

잠깐 동안의 점심시간. 아침과 다른 종류의 우주식을 골라서 먹어보자.

우주에서 랩 배틀을 한다거나 춤 배틀을 하는 것이다. 우주에서 자신의 생각을 표현해 보자!

안전하고 새로운 방법으로 요리를 만들어보면 생각지도 않았던 조리법이 탄생할지도 모른다?! 우주에서만 맛볼 수 있는 음식을 개발해 보자!

오후에는 시간적인 여유가 있으므로 우주에서만 가능한 게임이나 스포츠를 즐겨보는 것도 좋다. 또 근력운동도 착실히 해야 한다.

저녁식사 후는 자유시간. 몸을 닦거나, 악기를 연주하거나, 창문으로 풍경을 촬영하는 등, 우주에서의 생활을 맘껏 즐겨본다. 하지만 규칙적인 생활을 위해서 오후 10시에는 침낭에 들어가 푹 자도록 한다.

오후 일과 — 오후 1시

저녁식사 — 오후 8시

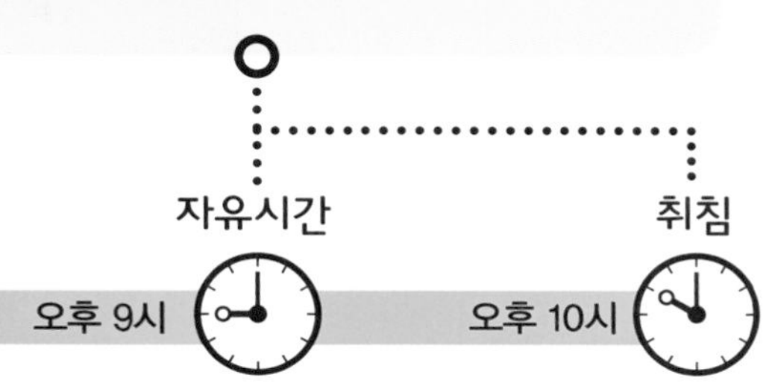

자유시간 — 오후 9시

취침 — 오후 10시

저녁식사는 우주비행사들과 같이 먹고 대화하면서 즐겨본다. 좋은 기회이므로 질문을 해보거나 우주에 대한 생각을 들어보는 등 적극적으로 의사소통을 시도해 보자.

무엇을 하든지

마음 가는대로!

노구치 소이치우 우주비행사가 ISS에서 전자키보드를 연주하는 모습

©JAXA/NASA

우주의 멋진 모습을 찍은 다음 SNS를 통해 친구들한테 알려보자.

우주에 있을 때의 감정을 바탕으로 창작활동을 해보면 어떨까.

우주비행사의 주말

토요일 오후&일요일은 휴식!

우주비행사는 토요일 오후와 일요일에는 휴식을 취한다. 지구에서처럼 한가하게 보내거나 책을 읽거나 음악을 듣는 등, 여유로운 시간을 보내면 심신을 편안히 한다. 또 여러 사람이 모여 큰 화면으로 영화를 보내면서 지내기도 한다.

이런 일도 있다!

이발

장기간 체류하는 우주비행사는 돌아가면서 이발을 해준다. 자른 머리카락이 날리지 않도록 청소기 같은 장치로 머리카락을 빨아들이면서 자른다.

이발 실력이 제각각이라 잘 자르는 사람은 인기가 많다.

©JAXA/NASA

이발은 서로 돌아가면서 해준다.

토요일 오전 일과

청소

ISS에서는 일주일에 한 번, 토요일 오전을 청소하는 시간으로 정해서 체류하는 모든 사람들이 정해진 구역에서 청소한다. 바닥이 없는 ISS는 공기 조절 필터 주변에 먼지가 쌓이기 때문에 청소기로 꼼꼼히 청소한다. 또 자주 머무는 곳은 젖은 휴지로 닦는다.

©JAXA/NASA

세세한 곳까지 청소하는 우주비행사.

실제 우주에 다녀온 사람의 ISS 체험기!

일본 최초의 ISS 민간인 방문자

마에자와 유사쿠

직업

사업가

1975년 지바현 출생. 인터넷 패션 사이트인 조조타운을 만들어 성공한 이후, 여러 방면에서 활동과 사업을 통해 사회에 공헌하고 있다. 주식회사 스타트 투데이의 대표이사.

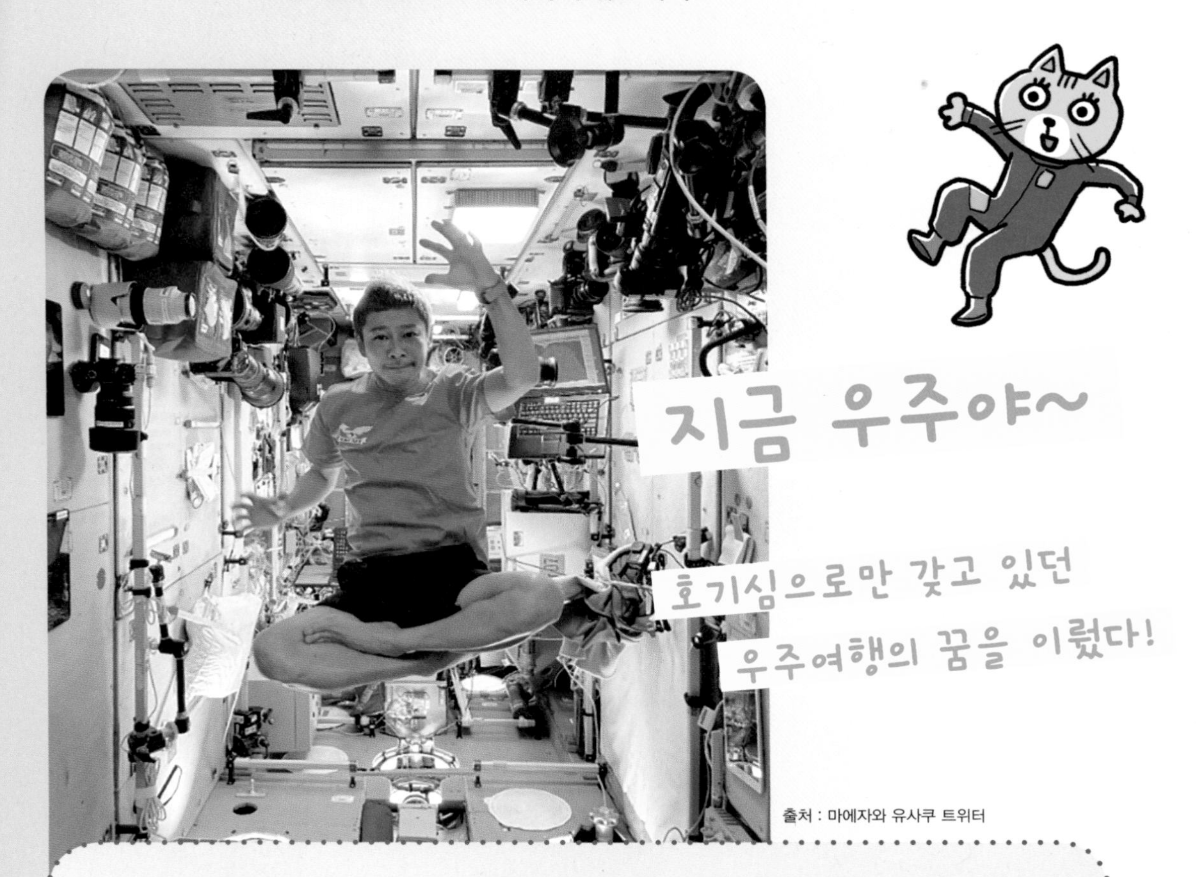

출처 : 마에자와 유사쿠 트위터

어렸을 때부터 우주를 너무 좋아해 꿈으로나 동경해 왔다던 마에자와 유사쿠 사장. 가보지 않았던 곳, 본 적 없는 곳을 가보고 싶다는 호기심을 실현하겠다고 결심하였다. 오랜 준비와 훈련을 거쳐 2021년 12월에 일본 민간인으로는 최초로 ISS에 가서 체류했다.

큐폴라에서 손을 흔드는 마에자와 유사쿠님. 아래 유리창에는 지구를 둘러싼 구름이 비치고 있다.

출처 : 마에자와 유사쿠 트위터

힘든 훈련을 마치고 드디어 우주에 도착!

러시아 우주선 소유즈를 타게 된 마에자와 유사쿠님은 먼저 러시아에서 건강진단을 통과해 우주비행사 훈련을 받을 자격을 얻었다. 그 후 약 100일 동안의 훈련을 통해 로켓을 타거나 ISS에 체류하기 위한 기술 및 긴급사태에 대한 대처방법 등을 배웠다. 그 뒤에 최종 테스트에도 무사히 합격.

마에자와 유사쿠님은 러시아 우주비행사 알렉산더와 회사의 임원인 히라노 요조님과 셋이서 2021년 12월 8일에 드디어 우주로 여행을 떠난다. 카자흐스탄에 있는 바이코누르 우주기지에서 발사된 로켓은 약 6시간의 여행 끝에 지구 4바퀴를 돈 다음 ISS와 도킹했다.

우주는 진짜 있었다!

90분에 지구 한 바퀴 도는 모습을 아이폰으로 촬영해 빠르게 움직이는 멋진 지구 풍경을 알려주었다.

출처 : 마에자와 유사쿠 트위터

대박!

마에자와 유사쿠님이 촬영한 동영상

https://t.co/GXwrCs5S48

우주에서 느낀 감동을 자신의 말로 표현했다.

12일 동안 ISS에 머물렀던 마에자와 유사쿠님은 다양한 방법으로 멋진 우주와 ISS가 어떤 곳인지. 우주에서의 신체 변화 등을 알기 쉽게 전달해 주었다. 우주에서 트위터로 소식을 전하기도 했으며 유튜브 채널로는 우주에서 찍은 동영상을 보내오기도 했다. 이런 것들이 화제가 되어 많은 사람들이 우주에 가고 싶은 충동을 일으켰다는 것이다.

마에자와 유사쿠님이 ISS에서 했던 재미있는 일들

무중력에서 해적선장 룰렛 게임

무중력 상태인 ISS에서 룰렛 게임(칼꽂기 게임)을 하면 어떤 모습일까? 해봐야 알 수 있지만 의외의 결과로 종료. 과연 그 결과는?

https://youtu.be/wMfKtilqMyk

지구를 보면서 그림그리기

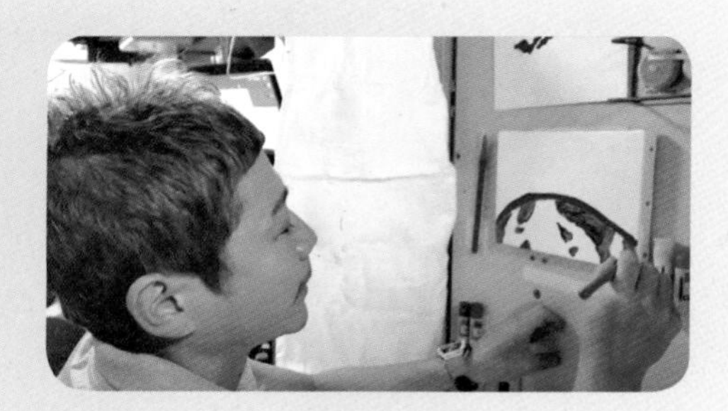

예술을 좋아하는 마에자와 유사쿠님이 그림도구를 사용해 지구를 그리는 모습. 우주에 있으면 감성이 솟아난다?! 그림도구 사용법도 지구와 다르다.

https://youtu.be/-5xnqRTAnhk

우주에서 화장실 사용법

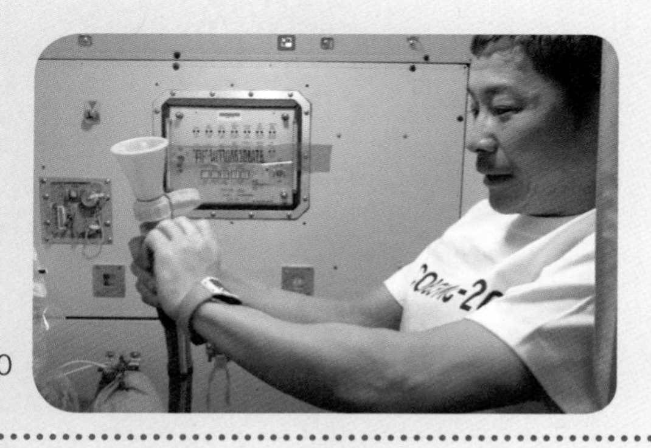

ISS에서는 어떻게 화장실을 사용할까? 실제로 화장실에 가서 사용방법에 대해 생생하게 설명해 주었다.

https://youtu.be/WT_6JMVQnl0

출처 : 마에자와 유사쿠의 유튜브

민간인이라 가능한 재미있는 일들을 우주에서 실천

마에자와 유사쿠님은 출발하기 전에 인터넷으로 '우주에서 해보고 싶은 100가지 일들'을 수집했다. '우주는 실제로 어떤 모습일까'를 주제로 전 세계 구독자들로부터 다양한 제안을 청취한 다음, ISS에서 직접 실천한 것이다. 그 결과는 마에자와 유사쿠님의 유튜브 채널에서 볼 수 있다. 마에자와 유사쿠님은 보통 사람들이 우주에서 재미있게 보낼 수 있는 방법을 보여주었다.

©SPACETODAY

옷

우주복은 어떻게 생겼을까?

우주복에는 가혹한 우주환경으로부터 몸을 지켜주는 많은 기술이 적용된다.

우주선 실내복

ISS 실내는 지구에서처럼

입고 있어서 OK!

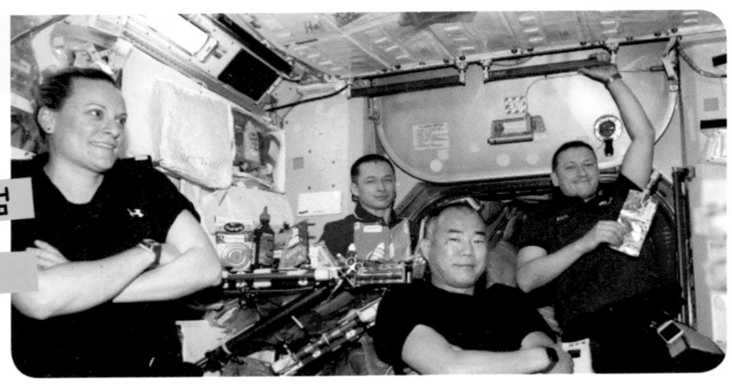
©JAXA/NASA

ISS 실내는 쾌적하게 지낼 수 있도록 18~28℃를 유지하기 때문에 지구에서처럼 편안한 옷을 입어도 된다. 그래서 움직이기 편한 반팔 티셔츠를 많이 입고 있다. 세탁이 안 되기 때문에 냄새가 잘 안 나는 특수한 소재로 만든 옷을 갖고 가는 것이 좋다.

©SpaceX/JAXA

우주선 실내 우주복

우주선에 탈 때 입는 실내 우주복(Spacesuit). 만에 하나 우주선에 구멍이라도 생겨서 공기가 샜을 경우, 실내 우주복에 연결된 호스를 통해 산소가 공급되기 때문에 숨을 쉴 수 있다.

만약의 사고에 대비해
입고 있는 거야!

「EMU」로도 불리는 우주 작업복은 한 벌에 100억 원이 넘는 매우 비싼 옷으로 우주비행사의 생명을 지키기 위한 필수 장비라고 할 수 있다.

우주비행사 전용 우주복

우주선 밖에서 입는 우주복

가혹한 우주공간에서 작업하기 위해 입는 우주 작업복!

우주비행사가 우주에서 작업할 때 입는 우주복은 1인용 우주선이라고 부를 정도로 안전한 작업복으로 무게는 약 120kg이다. 우주에는 사람 몸에 유해한 방사선이나 쓰레기, 먼지가 날아다닌다. 따라서 우주 작업복은 이런 것들로부터 우주비행사를 지켜주는 기능을 갖춰야 하기 때문에 14가지 소재를 사용한 층으로 만들어진다.

우주비행사가 우주선 밖에서 작업할 때 만에 하나 생명선이 끊어졌을 경우를 대비해 스스로 ISS로 돌아올 수 있도록 소형추진 장치가 달려 있다. 이것은 질소가스를 분사해 이동할 수 있는 고성능 장치다. 다만 안전에 주의하면서 작업하기 때문에 지금까지 한 번도 사용된 적은 없다.

고기능, 우주 작업복의 비밀!

생명유지 장치

우주 작업복 속은 산소로 가득 차 있다. 등 쪽에 있는 생명유지 장치는 산소를 공급하는 산소탱크나 숨 쉴 때 나오는 이산화탄소를 제거하는 기계가 들어있다.

냉각 속옷

우주 작업복 안쪽으로는 냉각 속옷을 입는다. 가느다란 튜브를 짜서 만든 속옷으로, 튜브로 물을 흘려서 우주복 안 온도가 너무 올라가지 않도록 만들었다.

통신 헬멧

통신용 마이크와 헤드폰이 달려 있어서 우주비행사끼리 통신하거나 ISS와 통신할 수 있다. TV카메라와 전등도 있어서 사물을 촬영할 수 있다.

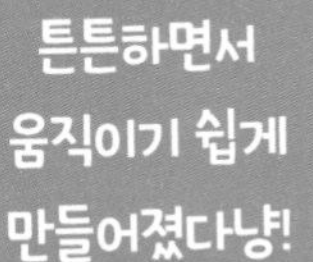

우주에서의 신체 변화

**우주에 가면 몸에 변화가 나타나기도 한다.
몸 안에서 어떤 일이 일어나고 있는 것일까?**

우주멀미

ISS와 그 주변은 무중력이다. 몸이 여기에 제대로 적응하지 못해서 두통이 생기거나 컨디션이 나빠지기도 한다. 이런 현상을 우주멀미라고 한다. 하지만 대개 3~5일 정도가 지나면 몸이 적응하기 때문에 너무 걱정할 필요는 없다.

얼굴 붓기

혈액이나 액체는 무게가 있기 때문에 지구에 있을 때는 하반신으로 더 쏠리게 된다. 하지만 우주의 무중력 상태에서는 몸 전체로 똑같이 전달되기 때문에, 지구에 있을 때와 달리 얼굴에 붓기가 생기면서 통통해 보인다. 반대로 하체는 약간 가늘어진다.

©JAXA/NASA

약간의 긴장감

우주까지 온다는 것은 해외여행과는 전혀 달라서 약간은 긴장과 외로움을 느낄 수 있다. 때로는 불안해지는 느낌도 든다고 한다. 가족이나 친구들과 영상통화를 한다거나 좋아하는 음악을 들으면서 마음을 진정시키면 좋을 것이다.

진한 맛이 맛있죠 !

©JAXA/NASA

냄새는 민감해지고 맛에는 둔감?!

ISS에서는 창문을 열고 환기를 시킬 수 없기 때문에 여러 종류의 냄새가 섞여 있다. 그런 속에서 실험까지 하기 때문에 약품에서 새어나온 냄새를 구분하듯이 어느 샌가 냄새에 민감해진다고 한다. 반대로 미각은 둔감해져서 진한 맛을 좋아하게 된다.

키가 조금 커진다!

무중력이기 때문에 척추로 무게가 실리지 않는다. 그러므로 척추로 이루어진 등뼈 사이에 틈새가 벌어져 지구에 있을 때보다 키가 조금 커진다고 한다.

다리로 쥐고 손으로 걷는다?!

무중력에서는 다리로 바닥을 짚으면서 걷지 못한다. 오히려 손으로 뭔가를 잡고 사다리를 올라가듯이 이동하는 경우가 많다. 그때 물건을 잡는 수단은 다리다. 우주에서 살다보면 다리가 손처럼 섬세해질지도 모른다.

알아둬야 할 문제들!

궁금한 것들이 가득!

우주 ·ISS의 비밀

우주여행을 할 때는 많은 것들이 궁금하고 신경 쓰인다.
그런 질문에 답변하겠다.

Q ISS에서 사용하는 전기는 어떻게 만드나?

A 8개의 태양전지판으로 전기를 만든다.

우주에는 발전소가 없다. 때문에 전기를 우주에서 만들어야 한다. 우주에서 전기를 만들 때 딱 좋은 것이 태양전지를 사용한 태양광 발전이다. 태양전지는 빛 에너지를 전기 에너지로 바꿔 주는 장치다.

우주에는 물이나 공기가 없기 때문에 당연히 구름도 없다. 태양광을 차단하는 것들이 없어서 지구보다 효율적으로 전기를 만들 수 있는 환경인 것이다. ISS는 45분마다 주 · 야간이 바뀐다. 낮에는 배터리에 전기를 저장하고 밤에는 저장해 놓은 전기를 사용한다. 8개의 태양전지판에는 합계 약 33,000개의 태양전지가 들어있다.

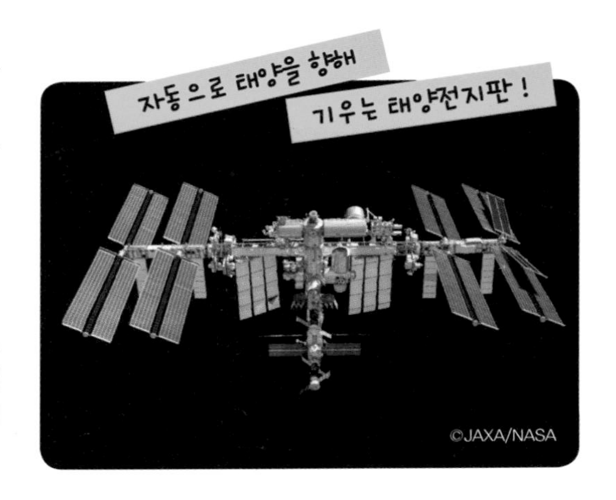

태양 방향을 따라 자동으로 태양전지판이 움직이면서 낭비 없이 태양 에너지를 전기로 바꾼다. 이 사진 상으로는 태양이 있는 상단 우측방향을 향해 판들이 기울어 있다는 것을 알 수 있다.

Q

우주에 있을 때 아프거나 부상을 당하면 어떻게 해야 하나?

A 지구에 있는 의사와 상담하면 된다.

ISS와 지구는 통신이 가능하기 때문에 지구에 있는 의사와 상담할 수 있다. 또 모든 우주비행사가 응급처치를 할 수 있도록 훈련 받았기 때문에 조금 아픈 상태와 부상 정도는 대응할 수 있다. 장기간 머무는 우주비행사들은 예방이 최선이기 때문에 지구에 있는 의료팀이 평소에 심신건강을 체크한다.

Q

ISS에서는 어떤 언어를 사용하나?

A ISS에서는 영어가 기본 언어다.

ISS 안에서는 기본적으로 영어로 대화한다. 같은 나라의 사람이 아니면 그 나라의 말은 통하지 않을 것이다. ISS로 사람이나 물건을 실어나르는 소유즈는 러시아 우주선이기 때문에 러시아어를 사용할 기회는 있다. ISS 내부 안내는 대개 영어와 러시아어 두 가지로 적혀 있다.

우주여행을 떠나려면 역시나 영어로 읽거나 말할 수 있어야 편하다.

Q 지구에 있는 사람과 전화하거나 인터넷을 사용할 수 있나?

A 전화는 물론이고 인터넷도 사용할 수 있다.

ISS와 지구는 전파 교신이 가능하다. 때문에 지구에 있는 친구들과 전화는 물론이고 영상통화도 할 수 있다. 인터넷도 연결되기 때문에 노트북으로 검색하거나 트위터 같은 SNS를 이용할 수도 있다.

우주비행사도 촬영한 우주사진을 SNS 등에 올리기도 한다.

마에자와 유사쿠님도 우주에서 트위터를 사용. 우주가 더 가까워진 느낌이었다. 출처 : 마에자와 유사쿠 트위터

Q 개인적으로 좋아하는 것을 갖고 갈 수 있나?

A 주위에 방해가 안 된다면 갖고 갈 수 있다.

ISS로 책이나 봉제 인형같이 자신이 좋아하는 것들을 갖고 갈 수 있다. 화장품도 괜찮다. 하지만 너무 부피가 크거나 주변에 방해를 줄만한 물건은 안 된다. 알코올이 들어간 향수나 매니큐어, 냄새가 강한 것, 살아 있는 것도 갖고 갈 수 없다.

녹차를 마시는 가나이 노리시게 우주비행사.
물방울이 떠다니지 않도록 전용 용기를 사용해
마신다.

©JAXA/NASA

Q

ISS에서는 물이 어떻게 공급되나?

A

기본적으로 지구에서 가져온 물을 사용하지만 소변을 물로 바꾸기도 한다.

우주에는 물이 없기 때문에 로켓을 사용해 지구에서 가져온다. 때문에 소중히 사용해야 한다. ISS에는 소변이나 공기 중의 수분을 깨끗이 가공해 식수로 만드는 장치도 있다. 최신 장치는 소변 1리터에서 850㎖의 물을 뽑아낼 수 있다. 이 기술은 언젠가 인류가 달이나 화성에서 활동할 때도 활용될 것이다.

우주에서 물은 귀하기 때문에 목욕이나 샤워는 할 수 없지만, 사람이 수분을 섭취하는 일은 생존과 관련된 일이다. 물을 아끼는 한편으로 충분한 수분섭취는 해야 한다.

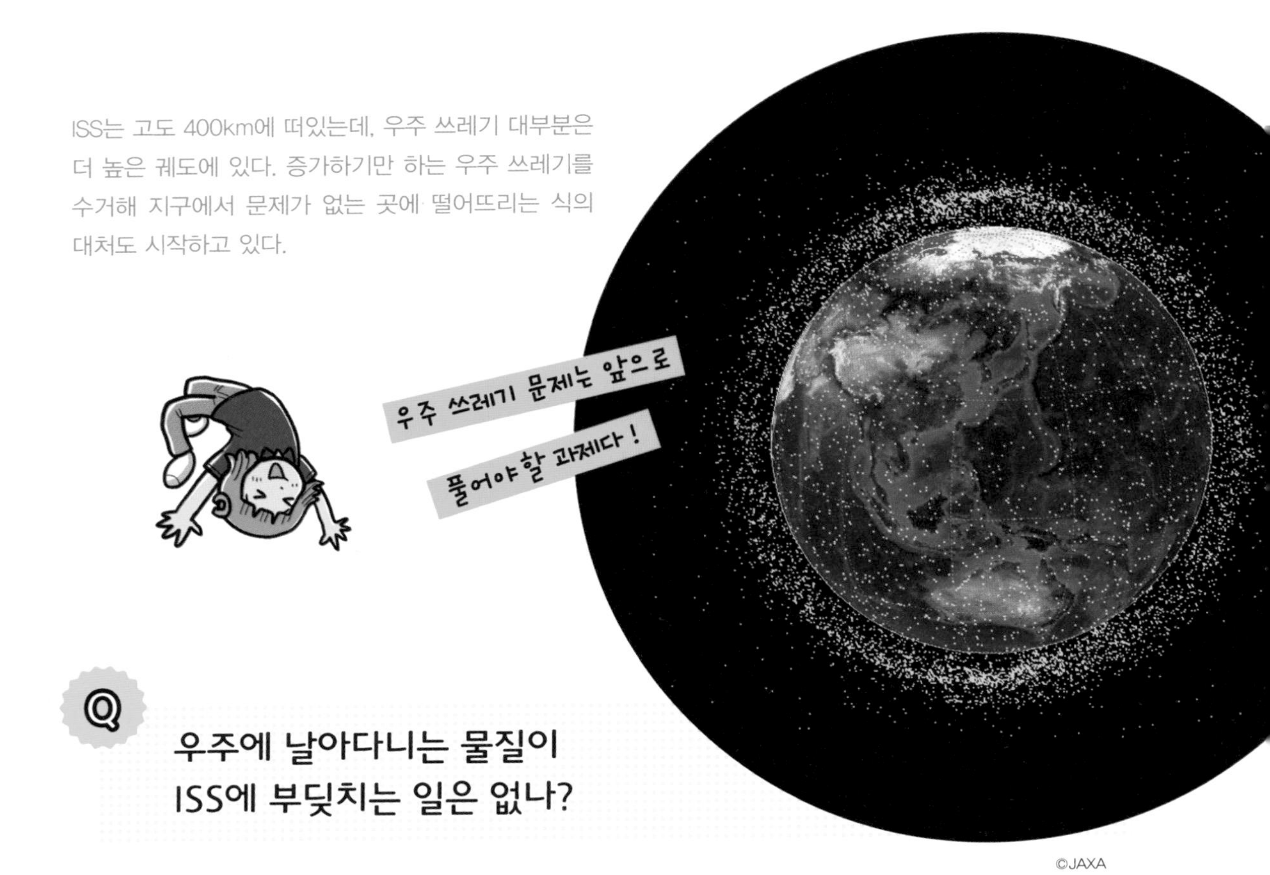

ISS는 고도 400km에 떠있는데, 우주 쓰레기 대부분은 더 높은 궤도에 있다. 증가하기만 하는 우주 쓰레기를 수거해 지구에서 문제가 없는 곳에 떨어뜨리는 식의 대처도 시작하고 있다.

©JAXA

Q 우주에 날아다니는 물질이 ISS에 부딪치는 일은 없나?

A 부딪친다. 따라서 큰 사고로 이어질 가능성도 있다.

ISS에 머무는 동안 혹시나 우주에 떠다니던 물질이 ISS에 부딪쳐 흔들릴 수도 있다. ISS 궤도는 안전하게 유지되지만, 우주를 떠다니는 쓰레기를 다 피하지 못하는 경우도 있으므로 큰 사고로 이어질 가능성도 있다.

쓰레기의 정체는 역할을 끝낸 인공위성이나 로켓, 부서진 부품 등이다. 이런 것들이 실제로 ISS에 부딪쳐 손상이 난 적도 있다. 그런 수리도 우주비행사의 업무 가운데 하나다.

우주에는 오른쪽 사진처럼 위치나 궤도를 알 수 없는 10cm 이상의 큰 쓰레기만 해도 2만개 이상 있는 것으로 파악되고 있다. 1cm 미만의 작은 쓰레기는 1억 개나 된다.

우주개발이 발전하면서 앞으로 점점 우주 쓰레기가 많아질 것으로 예상된다. 따라서 우주 쓰레기를 청소하는 임무도 늘어날 것이다.

Q

우주선과 ISS가 도킹할 때 흔들리면서 무섭지 않을까?

조금씩 ISS로 다가가는 크루 드래곤. 자동운전을 통해 정확하게 도킹한다.

A

둘 다 같은 속도로 날기 때문에 거의 흔들리지 않는다.

ISS가 이동하는 속도는 지구에 떨어지지도 않고 지구에서 멀어지지도 않는 적당히 좋은 속도다. 이동하는 길(궤도)도 정해져 있다. 로켓에서 분리된 우주선도 ISS와 똑같은 속도를 유지하면서 같은 궤도로 진입한다. 이런 일들은 컴퓨터에 의해 자동적으로 조절된다.

둘 다 같은 속도로 날기 때문에 서로 멈춘 것처럼 느껴진다. 두 개가 조금씩 속도를 조절하면서 가까워졌을 때 조용히 도킹하는 것이다.

Q

만약에 지구 외의 생명체나 UFO를 만나면 어떡하나?

A

적대감 없이 다가갈 수 있도록 준비해 둔다.

현재 상태에서 태양계 별 가운데서 지구 외에는 생명체가 발견되지 않고 있다. 하지만 태양계 밖으로 눈을 돌리면 지구와 유사한 환경의 별들이 몇 개 알려져 있다. 하지만 그런 별에서도 아직 인간 같은 지적 생명체의 존재는 없는 것처럼 보인다.

하지만 만약 더 먼 별에서 우주인이 찾아온다면 먼저 적대감 없이 우호적으로 맞이하는 것이 좋다. 지구인이 어떤 생명체인지, 자기를 어떻게 소개할지 등도 생각해 두면 어떨까.

Q

우주의 주인은 누구인가?

A

우주는 따로 주인이 있지 않고 모두의 것이다.

1967년에 전 세계적으로 「우주조약」을 맺으면서 이를 바탕으로 「우주법」이라는 걸 만들었다. 우주법에서는 「지구인 누구라도 우주에 나가 조사하거나 이용할 수 있다. 하지만 자신 소유로 한다거나 자신만의 영역을 만들어서는 안 된다. 또 평화를 위해서 이용해야 한다」고 규정하고 있다.

일본 실험동인 '희망'의 특징은?

A

넓고 깨끗하며 우주선 밖에도 실험실이 있다.

ISS에는 일본에서 운영하는 모듈 '희망'이라는 곳이 있다. 지구에서 필요한 훈련을 받았으면 방문이 가능하다.

희망은 3가지 부분으로 나뉜다. 평상복 차림으로 실험하는 우주선 내 실험실은 직경이 4.4m, 길이가 11.2m로, 대형버스 정도 크기다. 또 실험도구 등을 보관하는 우주선 내 보관실이 있다. 그리고 세 번째로 우주로 돌출된 테라스 같은 실험 공간인 우주선 밖 실험 플랫폼이 있다.

ISS에 있는 실험 모듈 가운데 희망이 가장 넓고 깨끗하다. 희망에는 창문 2개가 있어서 우주를 바라볼 수 있는 전망이 좋은 편이다.

넓고 실험하기 편리한 모듈!

우주비행사들 사이에서 인기가 많은 희망. 다른 나라의 우주비행사가 여기서 실험하기도 한다.

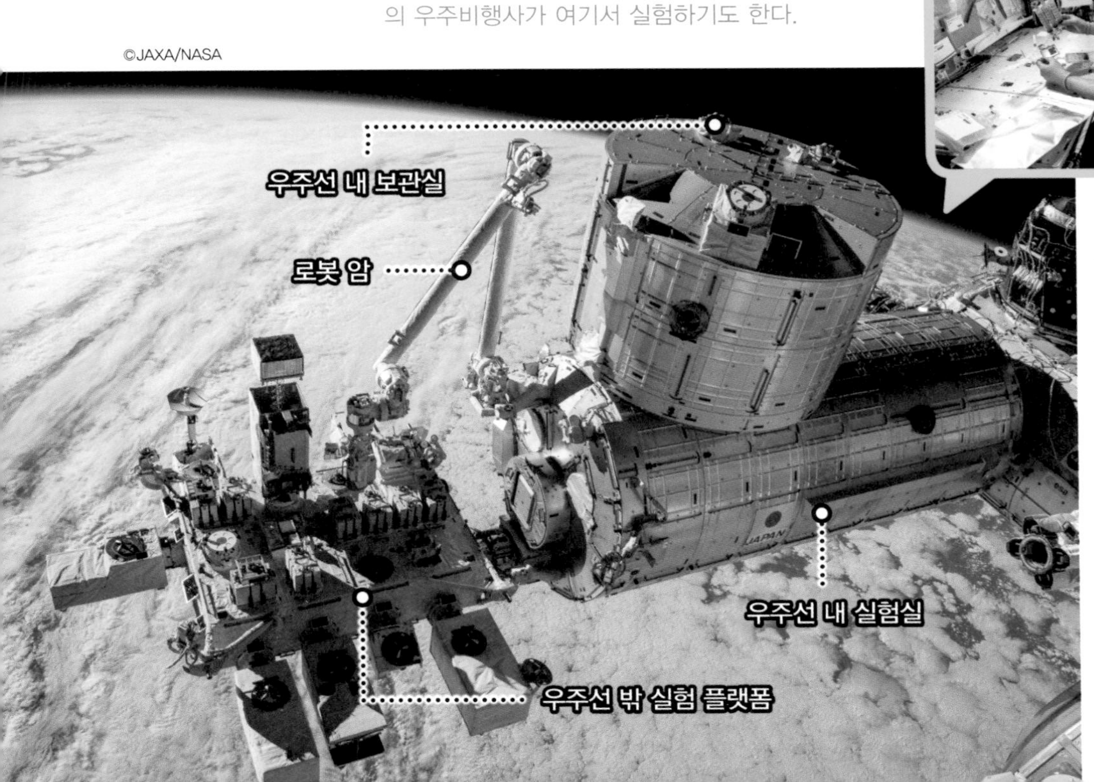

우주선 내 실험실은 넓고 정리하기가 편해서 실험하기가 순조롭다.

칼럼 2

우주개발은 우리 삶과도 밀접하게 관련되어 있다!

최첨단이네!

우리 주변에서 사용되는 우주기술

냄새제거 속옷

ISS에는 목욕이나 샤워 시설이 없고 옷을 빨 수도 없다. 또 ISS는 창문을 열어 환기시킬 수도 없다. 그런 우주 생활을 쾌적하게 하기 위해서 개발한 것이, 냄새를 제거할 수 있는 소재인 '맥시 프레시 플러스'를 사용한 티셔츠다. 몸 냄새나 땀 냄새를 없애는 성분의 실을 사용하기 때문에 입기만 해도 냄새가 나지 않는다. 움직이기에도 편하다. ISS에 머무는 우주비행사들이 입는 속옷으로 선정되면서 더 깨끗한 환경에서 활동할 수 있게 되었다.

우주비행사들도 잘 입는 고기능 티셔츠는 개량된 제품으로 지구에서도 판매되고 있다.

기능성 속옷

저반발 소재가 우주선에 사용되기 시작하면서 우주비행사에게 부담을 주었던 강한 중력이나 충격이 완화되었다.

기능성(저반발) 소재

기능성 베개

1960년대에 미국에서 로켓을 개발하기 시작할 무렵, 해결해야 할 과제 가운데 하나가 인체에 걸리는 강한 중력이나 충격을 어떻게 완화시키느냐 하는 것이었다. 그때 나사(NASA)에서 개발한 것이 저반발 소재다. 압력을 분산시켜 부드럽게 몸을 감싸주는 소재 덕분에 인류가 지구와 우주 사이를 무리 없이 왕복하게 된 것이다.

그 후 이 소재를 더 진화시켜 베개나 매트리스 같은 상품으로 내놓았다. 전 세계적으로 나사가 인증한 브랜드로 팔린다.

일기예보

일기예보는 인공위성 가운데 하나인 기상위성이 보내온 데이터를 바탕으로 기상예보사가 예측한다. 우리나라 최초의 기상위성은 통신해양기상위성인 천리안 위성으로, 2011년 4월 1일부터 정규 운영을 시작하였다.

천리안은 우리나라나 동아시아 지역의 기압변화, 구름이나 태풍 모습, 화산 연기 등 다양한 기상변화를 지켜본다.

카 내비게이션·휴대전화

현재 있는 곳을 바로 알 수 있는 앱 지도나 목적지까지 가는 경로를 바로 알려주는 카 내비게이션 시스템. 이런 기능들은 GPS(약 30개의 위성을 사용한 미국 위치측정 시스템)와 한국의 위치측정 위성인 길안내(티맵) 데이터를 바탕으로 서비스되고 있다. 현재는 산속에서도 사용할 수 있을 정도로 개선 중이다.

한국의 위치측정 위성은 전국 어디에 있어도 정확한 위치정보를 얻을 수 있도록 한국 상공에서 떠 있으면서 몇cm의 오차도 없이 정확하게 측정한다.

위성에서 보내주는 위치정보가 정확하기 때문에 카 내비게이션이나 지도 앱 등에서 폭넓게 사용한다.

최첨단 우주기술!

일본의 실험동 '희망'에서는 어떤 연구를 하고 있을까?
지구에서 하는 실험과는 어떤 점이 다르지?

지구에서는 발견할 수 없는 새로운 가능성을 찾는다.

우주에 있는 연구실 '희망'에서는 무중력이란 점을 이용해 지구와 인류의 미래에 도움이 될 만한 실험을 한다.
무중력에서는 액체가 균일하게 섞여 있을 뿐만 아니라 지구에서 나타나는 화학변화와 다른 현상이 나타난다. 그런 환경을 이용해 아직 발견하지 못한 금속이나 새로운 약을 만들기도 하고 병의 원인을 찾는 실험을 한다.

우주환경을 활용해 미생물 실험을 하는 호시데 아키히코 우주비행사

©JAXA/NASA

지구로 귀환!

돌아오는 길은 순식간!

ISS에서 지구로 돌아오는 방법

ISS를 떠나 지구로 돌아올 때는 어떤 방업을 사용할까?
현재 실행되고 있는 복귀방법에 관해 살펴보겠다.

지구로 돌아오는 우주선 크루 드래곤. 대기권에 진입하면 낙하산을 펼친다.
©NASA

바다에? 사막에? 낙하산으로 급강하는 우주선!

ISS에 체류하는 시간이 끝나면 ISS에 올 때처럼 똑같이 우주선을 타야 한다. 해치가 닫히고 ISS로부터 분리되면 사전에 입력된 약속된 지점, 즉 지구 어딘가의 바다나 사막을 향해 하강한다. 그때 우주선은 엄청난 속도로 떨어진다. 착륙할 때는 인체에 대한 충격을 줄이기 위해서 탑승객 수에 맞춰서 충격완화 시트를 사용한다.

건물 등에 영향이 없도록 아무도 없는 바다나 사막에 낙하산을 펼치면서 착륙하고, 착륙 이후에는 기다리는 전문가들이 캡슐 채로 회수하는 시스템이다.

방법

1 바다 착륙

크루 드래곤이 바다 위로 낙하산을 펼치면서 낙하하는 모습. 대기하고 있던 회수선이 바로 배 위로 끌어올린다.

방법

2 사막 착륙

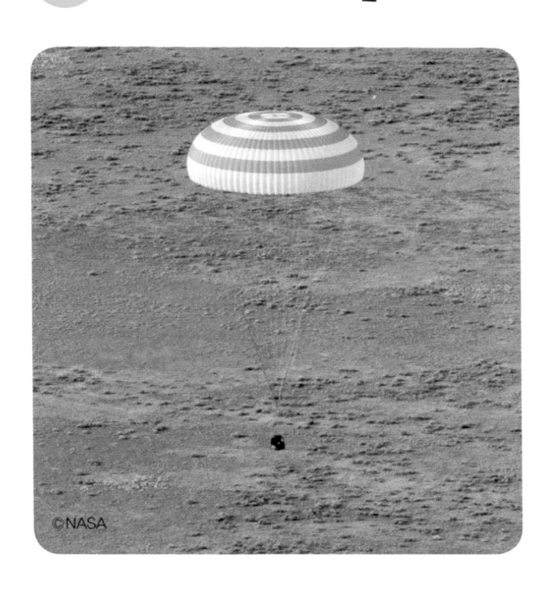

소유즈 우주선은 카자흐스탄의 사막 · 초원지대에 착륙한다. 엔진을 분사해 충격을 줄이면서 사막에 착륙하는 모습.

활주로 착륙은 이미 은퇴!

2011년에 은퇴한 스페이스 셔틀은 비행기처럼 활주로를 이용해 서서히 착륙하는 방식이었다.

우주선 크루 드래곤에서 스탭들에 의해 누운 채로 나오는 노구치 소이치 우주비행사. 스탭들 도움을 받으면서 몸이 중력에 익숙해지도록 한다.

돌아온 직후에는 몸이 무겁다! 재활운동을 통해 컨디션을 찾아야!

지구로 돌아온 직후에는 자신의 힘으로 서기 힘들다. 근력이 약해진 이유도 있지만 몸의 균형을 유지시켜 주는 귀 속의 반고리관이 충격으로 인해 정상적인 기능을 발휘하지 못하기 때문이다. 그래서 우주선 캡슐에서 나온 이후에는 지상 근무자들의 도움을 받아 전문 시설로 가서 컨디션을 회복해야 한다.

우주에 있던 기간에 따라 다르지만 1~2시간 정도면 지구 중력에 대한 감각이 돌아오면서 혼자서 설 수 있다. 돌아와서 3주일 정도는 지상에서 재활운동을 한다.

우주에서 돌아왔다

이야기를 들어보자!

지구는 사랑스러운 존재

우주비행사 **야마자키 나오코**

"15일 만에 돌아왔을 때의 신체적 느낌은 내 팔이 무겁다, 종이 한 장 들기도 힘들다, 커피 잔도 무겁다, 이런 느낌이었습니다. 지구의 중력이 얼마나 대단한지 느껴지는 동시에, 지구라는 존재가 우주 속에서 매우 특별하다는 것이 실감 났죠. 지구가 사랑스럽다고 느껴졌습니다. 우주는 일단 특별한 곳이라 이상한 기분도 들지만, 막상 가보니까 밥 먹고 활동하고, 밤에는 잠자는 식의 일상은 똑같더군요. 여러분의 생활 바로 옆에도 우주는 있습니다. 앞으로는 우주비행사 아닌 사람들도 우주에 다녀올 수 있는 시대가 열릴 겁니다. 미래에는 여러분 가운데 우주에서 하는 일을 직업으로 선택할 사람도 있을지도 모르죠."

일본 민간인 가운데 최초로 ISS에 체류 **마에자와 유사쿠**

일본에서는 최초로 세계에서는 10번째로 민간인으로 ISS에 체류했던 마에자와 유사쿠. 지구로 돌아온 후에 연 기자회견에서 "우주공간 환경에 익숙해지는데 3~4일이 걸렸다"고 하면서 12일 체류가 짧았다는 소감을 밝히기도. "기분 상으로 20일은 있고 싶었다. 반면에 30일은 길지도 모르겠다"고 말하기도 했다.

우주에 머무는 동안 기분 변화는 어땠느냐는 질문에 "지구를 소중히 여겨야 하겠다는 기분"이라고 대답한 마에자와 유사쿠. ISS에서 생활하는 동안 배운, 다 먹은 캔을 조그맣게 만들거나 쓰레기를 만들지 않도록 노력하는 등, 손쉽게 할 수 있는 일부터 앞으로 적극 실천해 나갈 계획이란다.

지구에서 먹는 라면

출처 : 마에자와 유사쿠 트위터

칼럼 ③

ISS는 너무 오래되었다?!

그렇구나!

지금 사용 중인 ISS는 2030년이면 은퇴다냥!

앞으로의 ISS (국제우주정거장)

2024년부터 건설 시작

상업용 거주 모듈이 도킹할 예정

©Axiom Space

여러 회사가 우주 비즈니스의 시작점으로 ISS 활용을 계획 중이다. 앞으로 달이나 화성에 가기 위한 준비에도 활용될 예정이다.

더 편하게 우주로 갈 수 있는 시대가 찾아온다!

지금까지 각국의 연구시설로 활용되어 온 ISS이지만, 설비가 낡았기 때문에 사용할 수 있는 것은 2030년까지로 알려져 있습니다. 그 때문에 향후는 민간의 투어지로서의 활용이 계획되고 있어, 미국의 여행사 「액시엄 · 스페이스」가 ISS에 민간 전용의 실험 · 거주 모듈을 만드는 것을 발표, 2024년부터 건설을 시작할 예정입니다. 더 부담없이 우주를 여행지로 선택하는 시대가 올 것 같습니다.

? 영화촬영도 진행된다!?

미국 배우 겸 영화제작자 톰 크루즈가 ISS에서 영화를 촬영할 계획을 발표해 화제가 되고 있습니다. 또 촬영 스태프와 여행객이 머물 수 있는 호텔도 만들 예정이라고 합니다. 러시아도 이미 ISS로 영화를 개봉하였습니다. 연구 시설만이 아닌 ISS의 새로운 쓰임새로, 지금까지 없었던 가치가 생길 것 같습니다. 아직 ISS는 우주 개발의 최첨단의 장으로서 활용되고 있습니다.

ISS 은퇴 후엔 민간 우주정거장 탄생

미국은 미래 국가 계획으로 진행 중인 인류를 달과 화성에 보내는 '아르테미스 계획'에 집중하기 위해 새로운 우주정거장 건설과 운영을 민간 기업에 맡기겠다는 입장을 밝혔고 유럽과 일본도 그 방침에 동조하고 있습니다.
호텔용 방이나 전망실, 관광의 거점이 되는 모듈을 접속해, 우주여행의 요구에 응할 계획입니다.

엑시엄 스페이스 사가 계획하고 있는 ISS의 우주정거장의 내부 예상도 매우 근미래적이다.

중국이나 인도……
여러 나라가 우주로 진출

지금까지 ISS를 운영하지 않았던 나라들도 우주 개발에 나서고 있습니다. 중국은 달에 무인 탐사선 창어 5호를 착륙시키고 암석 등을 가져왔습니다. 또, 독자적인 우주 스테이션 「아마이야호」도 건설중입니다. 인도는 달 표면 탐사선 「찬드라인1호」로 물의 존재를 확인. 또한, 3호에 의한 탐사를 진행하고 있습니다. 여러 나라에서 우주 개발이 진행됨으로써 우주가 또 한 걸음 가까워질 것 같습니다.

참고로…

ISS는 지구의 바다에 가라앉힐 예정

고마워~
ISS

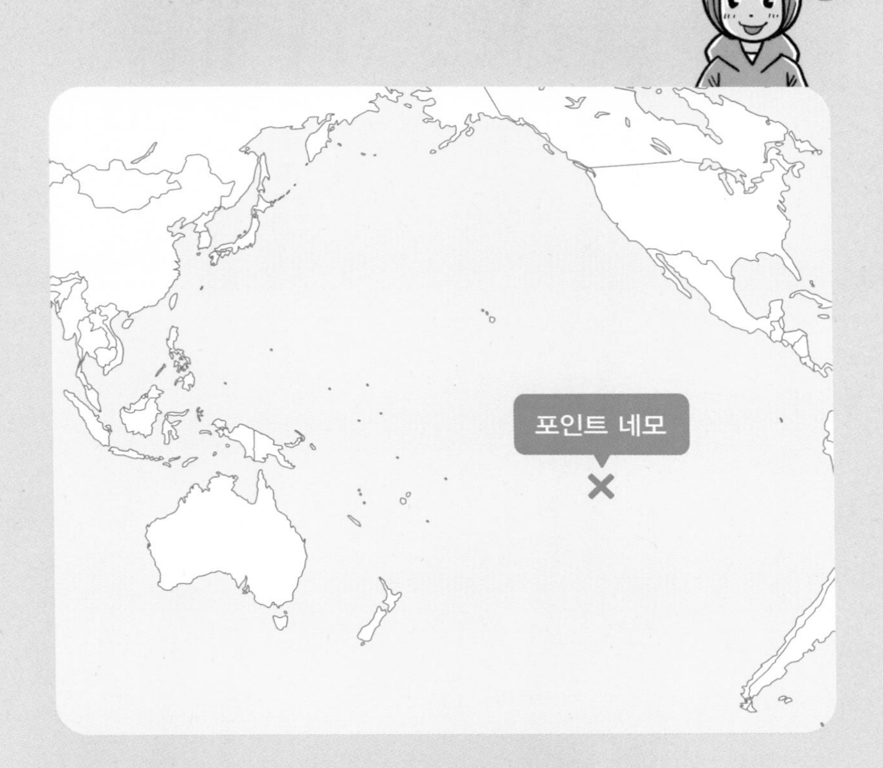

우주에서 활약한 기계들이 잠드는 넓은 바다는?

우주 쓰레기가 과제가 되고 있는 우주 개발. 2030년에 다 사용할 예정인 ISS는 우주에 방치하지 않고 지구의 바다에 떨어뜨릴 계획입니다.

남태평양의 한 가운데 있는 「포인트 네모」는 다른 어느 대륙에서도 멀고 생물의 수도 적은 해역으로 예로부터 인공위성의 무덤이라고 불리며 다 쓴 인공위성 등을 가라앉혀 왔습니다. ISS도 마지막에는 부품으로 나누어 지구에 낙하시켜 대기권에서 타다 남은 것을 「포인트 네모」에 가라 앉힐 예정입니다.

에필로그
우주로의 여행은 계속된다
지구에 온지 3개월
오늘은 별이 이쁘네!
우주에 가 있었다니 꿈만 같아
즐거웠다~ ISS !
우주인

돌아왔을때는 몸이 무거웠지만 지구의 좋은점도 깨달았어!
으~윽
난 멀쩡하지~~

온 가족이 완전히 우주에 눈을 뜨고 우주인의 길을 걷고 있어!
우주도
?
우주인

ISS에서 지낸것도 굉장히 소중한 추억이야 !
우주인

음… 당첨된 돈은 전부 다 썼기 때문에 평소의 생활로 돌아왔지만 말이야!
미래에 우주와 관련된 일에 종사하도록 공부하고 싶어졌어요!
P
우주인

어머나! 여보~
꺄 —— 악
P
우주인

어, 무슨 일이야?…
혹시나 고양이 복권을 샀는데…

100억 당첨됐어!!
NYANBERS
축하합니다
100억
당첨!!

우리집 운이 엄청나네!!
정말 이런 일이…
와 —— !!

그럼, 또 갈 수 있다 냥~~
이번에는 달까지 갈까~~냥!!
달까지 …!?
아싸 ~ !!
우주인

ISS의 구성

많은 부품을 조합하여 완성!

우주에 떠 있는 ISS는 로켓(우주선)으로 부품을 우주에 운반해 우주 비행사에 의해서 약 13년에 걸쳐 건설되었습니다. 각각 역할을 가진 모듈이라고 불리는 파트를 조합해 효율적으로 실험 등의 활동을 할 수 있도록 만들어져 있습니다. 물건이나 사람을 실어 나르는 우주선은 ISS까지 도착하면 끝에 도킹합니다.

지구에서 본 ISS는

캐나다 로봇팔
선외 작업을 지원하거나 보급기를 잡아 도킹시킨다. (→70페이지)

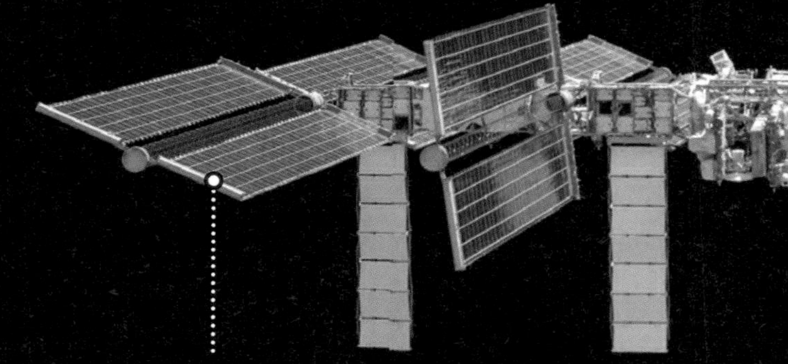

태양 전지 패들
선외 태양의 방향에 맞추어 각도가 바뀐다
(→ 86페이지)

라디에이터
ISS내에 담긴 열을
우주로 방출하고 있다.

ISS에서 본 우리나라

ISS에서 찍은 한반도 모습. 한반도 상공을 지나며 찍어 수직 고도가 아니다. ©NASA

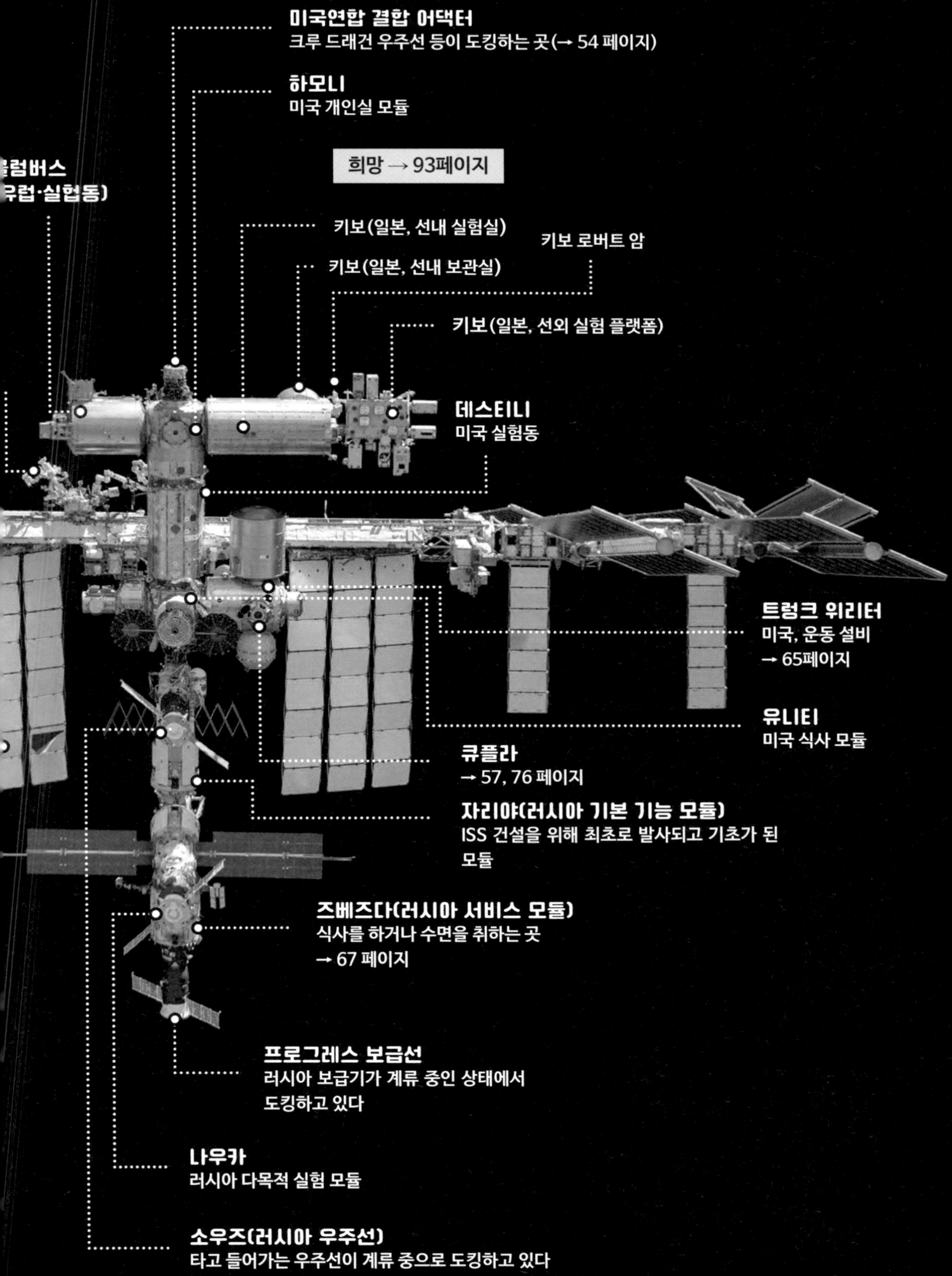

미국연합 결합 어댑터
크루 드래건 우주선 등이 도킹하는 곳(→ 54 페이지)

하모니
미국 개인실 모듈

희망 → 93페이지

럼버스
유럽·실험동)

키보(일본, 선내 실험실)

키보 로버트 암

키보(일본, 선내 보관실)

키보(일본, 선외 실험 플랫폼)

데스티니
미국 실험동

트렁크 위리터
미국, 운동 설비
→ 65페이지

유니티
미국 식사 모듈

큐폴라
→ 57, 76 페이지

자리야(러시아 기본 기능 모듈)
ISS 건설을 위해 최초로 발사되고 기초가 된
모듈

즈베즈다(러시아 서비스 모듈)
식사를 하거나 수면을 취하는 곳
→ 67 페이지

프로그레스 보급선
러시아 보급기가 계류 중인 상태에서
도킹하고 있다

나우카
러시아 다목적 실험 모듈

소유즈(러시아 우주선)
타고 들어가는 우주선이 계류 중으로 도킹하고 있다

심장이 쫄깃쫄깃한 우주여행!
우주정거장 10일 동안 살아보기

초판 펴낸날 2025년 1월 10일

감수 데라조노 준야
감수 백윤형
번역 최영원

펴낸곳 주니어골든벨 | **발행인** 김길현
편집 · 디자인 조경미, 박은경, 권정숙 | **제작진행** 최병석 | **웹매니지먼트** 안재명, 양대모, 김경희
공급관리 오민석, 정복순, 김봉식 | **오프라인마케팅** 우병춘, 이대권, 이강연 | **회계관리** 김경아

등록 제1987-000018호
주소 서울시 용산구 원효로 245(원효로 1가 53-1) 골든벨 빌딩 5~6F
전화 도서 주문 및 발송 02-713-4135 / 회계 경리 02-713-4137
내용 관련 문의 02-713-7452 / 해외 오퍼 및 광고 02-713-7453
홈페이지 www.gbbook.co.kr
ISBN 979-11-5806-746-5
정가 15,000원